ZUR THEORIE DER ABSCHMELZSICHERUNGEN

VON

GEORG J. MEYER
Dr. ing.

MIT 26 IN DEN TEXT GEDRUCKTEN ABBILDUNGEN

MÜNCHEN UND BERLIN
DRUCK UND VERLAG VON R. OLDENBOURG
1906

Inhaltsverzeichnis.

Seite

II. Sicherungs-Kombinationen:

Theorie der Abschmelzsicherungen.

————

Einleitung.

Die Schmelzsicherung ist wohl eine der geschicktesten Erfindungen, welche die Elektrotechnik hervorgebracht hat. Sie bekämpft einen Übelstand dadurch, daß sie an unschädlicher Stelle die schädliche Wirkung in vergrößertem Maße hervorruft. Sie reagiert mithin jederzeit in derselben Weise, nur in verstärktem Maße, wie die zu schützenden Teile und stellt das Ideal einer Schutzvorrichtung dar.

Seit der Anmeldung des grundlegenden Patents von Edison im Jahre 1880 sind Sicherungen in ungezählten Exemplaren in der Praxis verwendet worden. Ihre konstruktive Gestaltung und Ausstattung hat sich im Laufe der Zeiten entwickelt und stark differenziert. Heute werden Sicherungen in offener und geschlossener Form, in Luft, in Öl, in Pulvern und in festen Körpern (z. B. Asbest) eingebettet, mit mechanischer oder magnetischer Funkenblasung oder mechanischer Zerreißvorrichtung verwendet. Aber die Kenntnis des wesentlichsten Teiles der Sicherung, des Einsatzes, ist nur wenig vorgeschritten. Es mag dies wohl zum großen Teil daran liegen, daß eine Untersuchung der in Frage kommenden Verhältnisse nicht lohnend genug erschien, und daß diejenigen, welche sich mit der Frage nur oberflächlich beschäftigten, einer so einfachen Sache keine neuen Seiten abzugewinnen hofften, während andererseits diejenigen, welche die Verhältnisse experimentell zu untersuchen begannen, infolge der scheinbaren, außerordentlichen Komplikation der Verhältnisse von einer weiteren Verfolgung absahen.

Die Literatur über die Schmelzverhältnisse der Sicherungen ist dementsprechend sehr spärlich. Im allgemeinen wird nach dem Vorgange von Forbes die Voraussetzung gemacht, daß ein Beharrungszustand, ein Ausgleich zwischen zu- und abgeführter Wärme eingetreten ist. Diese Bedingung ist beim Durchschmelzen einer Sicherung im allgemeinen nicht erfüllt.

Einen guten Überblick der Literatur bis zum Jahre 1892 gibt der Aufsatz von Feldmann (Elektrotechnische Zeitschrift 1892), in welchem die Versuchsergebnisse von Forbes, Preece, Reinisch, Grassot, Skrschinski und Uppenborn diskutiert und mit Versuchen von Feldmann verglichen werden. Ferner finden sich a. a. O. experimentelle Untersuchungen über die Länge des Schmelzdrahtes (s. a. Herzog & Feldmann, Elektr. Leitungen 1893).

Feldmann folgert aus seinen Kurven, daß der Strom der vierten Wurzel aus der Länge des Einsatzes umgekehrt proportional sei. Diese Beziehung erweist sich bei näherer Betrachtung nicht als stichhaltig; die Verhältnisse liegen ungleich komplizierter. Über den Einfluß der Masse der Klemmen gibt Feldmann zwei Versuchsreihen, welche wohl zeigen, in welcher Richtung sich der Einfluß der Klemmen geltend macht, aber genauere Schlußfolgerungen nicht zulassen.

Eine richtige Beobachtung ist es, daß bei geringer Masse der Klemmen und einer Einsatzlänge von 15 cm und mehr ein Einfluß der Länge nicht mehr zu spüren ist. Diese Beobachtung widerspricht auch Feldmanns Formel, nach welcher der Schmelzstrom umgekehrt proportional der vierten Potenz aus der Länge des Einsatzes ist.

Wesentlich ist es, daß weder Feldmann noch seine
Vorgänger den Einfluß der Schmelzzeit berücksichtigen,
sondern sich mit der Beobachtung des minimalen Schmelzstromes begnügen, und daß nur Bleidrähte versucht
wurden. In einem zweiten Aufsatz (Elektrotechnische
Zeitschrift 1894) gibt Feldmann eine Diskussion über das
Verhalten verschiedener Materialien und besonders über
die Bildung von Oxydhäutchen am Einsatz.

Zur Vermeidung dieses Ubelstandes verwendeten
Vorreiter & Dr. Müllendorff (Elektrotechn. Zeitschr. 1895)
Bleistreifen, welche mit einem Überzug von nicht oxy-
dierendem Metall, und zwar Nickel, versehen waren. Um
dieselbe Zeit erschienen die Schuckertschen gitterförmig
gestanzten Einsätze aus Britanniametall, welche jedoch
wesentliche Vorteile nicht boten.

Einige interessante Versuchsresultate gibt Murdoch
(Electrician 1902). Er stellte Versuche mit einem Schmelz-
draht bei konstanter Belastung und variabler Länge an
und bestimmte hierzu die Schmelzzeit. Hier findet man
eine Berücksichtigung der zum Durchschmelzen erforderlichen Zeit, doch beweisen die von Murdoch aufgestellten
Näherungsgleichungen, in denen er den betreffenden
Kurven den Charakter von Hyperbeln gibt, daß er über
die wirklich vorhandenen Verhältnisse sich nicht klar
war, wenn er auch den Gedanken ausdrückt, daß es auf
Grund seiner Versuche leicht sein müsse, Einsätze für
bestimmte Schmelzzeit zu entwerfen. Wie dies erreicht
werden soll, gibt er nicht an, und es darf füglich be-
zweifelt werden, daß dieses Ziel überhaupt auf rein
experimentellem Wege erreicht werden kann.

Erlacher (Elektr. Apparate für Starkstrom 1903) gibt
eine Wiederholung der im vorstehenden besprochenen
Arbeiten und fügt eine allgemein gehaltene Diskussion
über die Wahl des Materials bei.

Niethammer (Elektr. Schaltanlagen und Apparate 1905)
wiederholt mit einigen Zusätzen nach Messungen von

Schwartz und James die vorstehenden Ergebnisse. Er gibt in Übereinstimmung mit den übrigen Verfassern an, daß der Schmelzstrom proportional der 1,5 Potenz des Drahtdurchmessers ist und fügt hinzu, daß dieser Exponent zwischen 1,2 und 1,6 variieren kann.

Eine wertvolle, in Europa wenig bekannte Arbeit lieferten Stine, Gaytes & Freeman (Transact. Am. Inst. El. Eng. 1895). Hier sind eine Reihe von experimentellen Ergebnissen in Form von Kurven gegeben und auch der Einfluß dauernder mechanischer und chemischer Strukturveränderung durch vorhergegangene Beanspruchungen durch Versuche beleuchtet.

Ganz eigenartige Untersuchungen veröffentlichte Oelschläger (Elektrotechn. Zeitschr. 1904). Er untersuchte die beim Durchschmelzen einer Sicherung unter Kurzschluß auftretenden Strom- und Spannungsverhältnisse mit Hilfe des Oszillographen. Diese Verhältnisse hängen nur zum geringen Teil von der Sicherung, im wesentlichen aber von den Umständen des Betriebes, wie Spannung, Widerstand, Selbstinduktion und Kapazität im Netz, ab. Das wichtigere Ergebnis der Arbeit ist die Aufklärung über die Verhältnisse, welche nach Trennung des Einsatzes und Erlöschen des Lichtbogens auftreten; über das, was bis zu diesem Zeitpunkt vorgeht, bietet auch dieser Aufsatz nichts wesentlich Neues.

In vorliegender Arbeit werden die Verhältnisse der Sicherung allgemein diskutiert und die nach dem Abschmelzen eintretenden Erscheinungen nicht mehr betrachtet, so daß die Verhältnisse des praktischen Betriebes, nämlich Widerstand, Selbstinduktion und Kapazität, außer Betracht bleiben und die Spannung nur einen verhältnismäßig untergeordneten Einfluß ausübt, welcher an geeigneter Stelle näher erläutert wird.

Die dauernden Einflüsse vorhergehender Belastungen auf die chemische oder mechanische Struktur sind im folgenden ebenfalls ausgeschieden, um so mehr, als dieselben in der Praxis, insbesondere bei den allgemein verwendeten Materialien, zu geringfügig sind.

Die Veranlassung zu den folgenden Untersuchungen wurde durch die Einführung einer neuen Type von Patronensicherungen der Dr. Paul Meyer A.-G. gegeben. Dementsprechend beschäftigen sich die Ausführungen in erster Linie mit offenen Sicherungen, bei welchen der Schmelzeinsatz sich in Luft befindet.

In ganz analoger Weise lassen sich aber die Ergebnisse sowohl auf Sicherungen unter Öl wie auf geschlossene Sicherungen mit Füllung von Pulvern oder festen Materialien anwenden, während bei den Sicherungen mit mechanischer Zerreißung des Einsatzes wesentlich kompliziertere Verhältnisse auftreten, welche in vorliegender Arbeit nicht berücksichtigt sind.

I. Die einfache Sicherung.

Allgemeine Theorie der einfachen Sicherungen und die Entwickelung der Hauptgleichungen.

Um die Theorie der Sicherungen einer mathematischen Behandlung zugänglich zu machen, ist es erforderlich, die Behandlung der Frage auf einen möglichst einfachen Fall zurückzuführen.

Hierfür wird der Fall einer Sicherung gewählt, welche aus einem stabförmigen Einsatz von einer bestimmten Länge L und aus Polschuhen oder Backen von sehr großer Wärmekapazität besteht. Der Einsatz möge in der ganzen Länge L den konstanten Querschnitt q und den konstanten Umfang O haben, und die Wärmekapazität der Polschuhe möge so groß sein, daß in den Polschuhen durch die Erwärmung des Einsatzes durch den durchfließenden Strom eine Erwärmung nicht auftritt, so daß die Polschuhe stets dieselbe Temperatur t_0 wie die umgebende Luft besitzen.

Des ferneren wird im folgenden stets vorausgesetzt, daß der Strom während der Belastung einen konstanten Wert J behält.

Zu einer beliebigen Zeit s, von der Einschaltung des Stromes an gerechnet, wird sich in dem Einsatz an den verschiedenen Punkten seiner Länge eine verschiedene Temperatur t einstellen, welche innerhalb desselben Querschnittes als konstant angesehen werden kann, da die

Stärke des Einsatzes stets nur gering gewählt werden
wird. Die jeweilige Temperatur t wird, wie ohne weiteres
erklärlich, in der Mitte des Einsatzes einen Maximal-
wert erreichen, von der Mitte gegen die Polschuhe sym-
metrisch abfallen und unmittelbar an den Polschuhen
den Wert t_0 dauernd behalten. In Fig. 1 sind diese
Verhältnisse schematisch dargestellt.

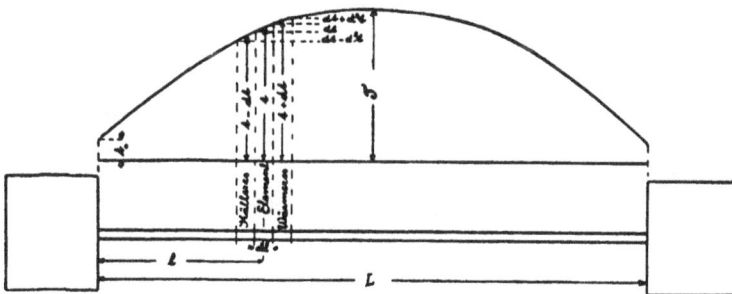

Fig. 1.

In der Entfernung l cm vom linken Ende des Einsatzes betrage also die Temperatur t Grad zu einer Zeit s
in Sekunden, vom Anfang der Belastung an gerechnet.
Wenn man sich nun am Punkte l ein unendlich kurzes
Stück des Einsatzes ausgeschnitten denkt, so wird diesem
Element zweierlei Wärme zugeführt, nämlich Stromwärme
und diejenige Wärme, welche vom benachbarten, wärmeren Element durch Wärmeleitung zufließt.

Der Wärmeverlust des betrachteten Elements setzt
sich zusammen aus der an die umgebende Luft abgegebenen und der ausgestrahlten Wärme einerseits und
der an das benachbarte, kältere Element durch Leitung
abgegebenen Wärme andererseits.

Schließlich wird noch ein gewisser Betrag an Wärme
von dem betrachteten Element des Einsatzes aufgenommen.
Dieser Betrag dient dazu, den Streifen zu erwärmen und,
in Form von innerer Wärme, seine Molekularstruktur
zu verändern.

Die Wärmebilanz des Elements ist: zugeführte Wärme = aufgenommener + abgegebene Wärme.

Die Stromwärme ist, wenn man mit ϱ_0 den spezifischen Widerstand, bezogen auf 1 qmm Querschnitt und 1 m Länge bei 0^0, mit α die Erhöhung dieses Widerstandes pro Grad Temperaturerhöhung bezeichnet:

$$\frac{J^2 \varrho_0 (1 + \alpha t)\, dl}{q}$$

in Watt, wenn dl in m und q in qmm eingesetzt wird, oder $\dfrac{J^2 \varrho_0 (1 + \alpha t)\, dl}{10000\, q}$, wenn die Maße auf cm reduziert sind. In dem Zeitelement ds werden also

$$\frac{J^2 \varrho_0 (1 + \alpha t)\, dl\, ds}{10000\, q}$$

Wattsekunden oder

$$\frac{J^2 \varrho_0 (1 + \alpha t)\, dl\, ds}{41\,600\, q}$$

Gramm-Kalorien erzeugt.

Hierbei ist der spezifische Widerstand ϱ als geradlinige Funktion der Temperatur

$$\varrho = \varrho_0 (1 + \alpha t)$$

angenommen, da im allgemeinen die Abweichung von der Geraden nicht erheblich ist, und schon die Berücksichtigung der zweiten Potenz

$$\varrho = \varrho_0 (1 + \alpha t + \alpha' t^2)$$

die Formeln wesentlich komplizieren würde. Wie sich aus den Versuchen ergibt, ist diese Vereinfachung für die meisten Materialien, welche in Betracht kommen, zulässig. Für Eisendrähte sind die Ableitungen nicht anwendbar; dieses Material eignet sich aber auch wenig, da es beim Durchschmelzen stark Funken sprüht.

Die einzige bekannte Anwendung von Eisen für Sicherungen dürfte die Sicherung von Kallmann (D.R.P. Nr. 168 239) sein.

Die durch Wärmeleitung zu- und abgeführte Wärme möge im folgenden zusammengefaßt werden.

Bezeichnet man mit λ diejenige Wärmemenge in g-Kalorien, welche pro Sekunde durch eine Scheibe des Streifenmaterials von 1 qcm Querschnitt und 1 cm Länge fließt, wenn die Temperaturdifferenz der Stirnflächen 1⁰ beträgt, so ist die vom benachbarten, wärmeren Element zugeführte Wärme:

$$\frac{q\,\lambda\,ds\,(dt + d^2 t)}{dl}$$

g-Kalorien/Sekunden.

Die vom benachbarten, kälteren Element aufgenommene, also dem betrachteten Element entzogene Wärme ist

$$\frac{q\,\lambda\,ds\,(dt - d^2 t)}{dl}$$

g-Kalorien/Sekunden.

Die resultierende Wärmeaufnahme durch Leitung im Innern des Einsatzes ist die Differenz beider Ausdrücke, nämlich

$$2\,q\,\lambda\,\frac{d^2 t\,ds}{dl}.$$

Das Wärmeleitungsvermögen λ ist in geringem Grade abhängig von der Temperatur, doch wurde dieser Umstand vernachlässigt und λ als Konstante betrachtet, um so mehr als die vorliegenden Messungen ziemlich stark voneinander differieren. Es wurde für die Auswertung der Versuche ein ungefährer Mittelwert der bekannten Zahlen (vgl. Landolt und Börnstein) genommen.

Die von dem Streifenelement aufgenommene Wärme zerfällt in einen Teil, welcher zur Temperaturerhöhung dient, äußere Wärme, und in einen Teil, welcher die Änderungen der Molekularstruktur bewirkt, innere Wärme. Bezeichnet man mit c_0 den Wärmeinhalt eines cbm des in Frage stehenden Materials bei 0⁰, und faßt man die innere Wärme als eine Erhöhung dieser Kapazität mit

der Temperatur auf, so ist die spezifische Wärme pro
cbm und Grad bei einer Temperatur t^0

$$c = c_0 \, (1 + \beta t)$$

zu setzen, und die von dem Volumen qdl bei einer Temperaturerhöhung dt aufgenommene Wärme wird

$$c_0 \, q \, (1 + \beta t) \, dl \, dt.$$

Diejenige Wärme, welche an die umgebende Luft
abgeleitet wird, und die ausgestrahlte Wärme lassen sich
zweckmäßig in einen Ausdruck zusammenfassen. Beide
sind proportional der Oberfläche Odl. Als vereinfachende
Annahme wurde die nach außen abgeführte Wärme proportional dem Temperaturgefälle gegen die Umgebung
gesetzt. Nach den Versuchen von Kennedy (s. a. Herzog
und Feldmann, Elektr. Leitungsnetze, 1. Aufl., S. 30),
welche mit frei ausgespannten Drähten in ruhiger Luft,
allerdings nur bis zu einer Erwärmung von ca. 100^0, ausgeführt wurden, scheint die Wärmeabgabe mit einer etwas
höheren Potenz der Temperaturdifferenz zu steigen, doch
dürfte nach diesen Versuchen der Exponent nicht sehr
stark von 1 abweichen. Aus den Versuchen des Verfassers
ergab sich ebenfalls, daß die vereinfachende Annahme
der Proportionalität nicht streng richtig ist, indem bei
Materialien mit höherem Schmelzpunkt die nach außen
abgeführte Wärme im allgemeinen größer ist, als dieser
Beziehung entspricht. Da sich aber ferner ergab, daß
innerhalb der Versuche mit demselben Material die erwähnte Vereinfachung zulässig ist, so wurde auf eine
genauere Bearbeitung im Interesse der Übersichtlichkeit
verzichtet. Bezeichnet man also mit k diejenige Wärmemenge, welche pro qcm Oberfläche und pro Sekunde
bei einer Temperaturdifferenz von 1^0 gegen die Umgebung abgeführt wird, so ist die von dem betrachteten
Streifenelement nach außen abgegebene Wärme

$$k \, O \, (t - t_0) \, dl \, ds.$$

Die Konstante k, welche im folgenden der Einfachheit halber Ventilationskonstante genannt wird, besteht eigentlich aus dem Produkt zweier Konstanten, von denen die eine von der Konstruktion der Sicherung, von der Stellung des Streifens, ob horizontal oder vertikal, sowie von den Ventilationsverhältnissen überhaupt abhängt, während die andere durch das Material des Streifens, seine Schmelztemperatur und Oberflächenbeschaffenheit, sowie auch in einem gewissen Grade durch die Oberflächenbeschaffenheit (Reflektionsvermögen) der bestrahlten Teile bedingt ist. Der Wert k ist nur innerhalb desselben Materials als konstant anzusehen; er ist unter sonst gleichen Verhältnissen im allgemeinen größer für Materialien mit höherem Schmelzpunkt.

Nach dem Vorstehenden stellt sich also die Wärmebilanz des Streifenmaterials wie folgt:

$$\frac{J^2 \varrho_0 (1 + \alpha t)}{41\,600\,q}\, dl\, ds + 2\,q\,\lambda\, \frac{d^2 t\, ds}{dl} = c_0 q\,(1 + \beta t)\, dl\, dt$$
$$+ k\,0\,(t - t_0)\, dl\, ds$$

oder nach Division durch dl

$$\left[\frac{J^2 \varrho_0 (1 + \alpha t)}{41\,600\,q} - k\,0\,(t - t_0) \right] ds + 2\,q\,\lambda\, \frac{d^2 t}{dl^2}\, ds$$
$$= c_0\, q\,(1 + \beta t)\, dt. \quad \ldots \ldots \quad (1$$

Diese Gleichung ist nun physikalisch nur unterhalb des Schmelzpunktes des betreffenden Materials richtig, da am Schmelzpunkte eine Unstetigkeit auftritt, indem Wärme aufgenommen wird, ohne als Temperaturerhöhung hervorzutreten. Wenn nun aber das Material bis zum Schmelzpunkt erwärmt ist, so gehört nur eine ganz geringfügige Wärmemenge dazu, um ein Teilchen in der Region der höchsten Temperatur flüssig zu machen; dieses Metallpartikelchen wird unter dem Einflusse der Schwere herabfließen. Dadurch erhöht sich aber der Widerstand und die Stromwärme an diesem Punkte. Der Schmelzprozeß beschleunigt sich also immer mehr.

Von dem Moment an, in dem in einem Querschnitt die Schmelztemperatur erreicht ist, wird der
Zustand labil.

Die Vergrößerung des Widerstandes beim Durchschmelzen wird im allgemeinen den Strom herabdrücken
und zwar um so mehr, je niedriger die ausgeschaltete
Spannung und je größer der Widerstand der Sicherung
im Verhältnis zum Gesamtwiderstand des Stromkreises
ist. Dementsprechend erfolgt bei einer Spannung von
2 Volt, wenn der Schmelzeinsatz beinahe die ganze
Spannung vernichtet, das Durchschmelzen innerhalb
einer gut meßbaren Zeit von 1—5, unter Umständen
10 Sekunden, und man kann deutlich am Sinken des
Amperemeters beobachten, wie der Widerstand erst
langsam, dann immer schneller steigt, bis unter Er-
zeugung eines scharfen, knackenden Geräusches die
definitive Trennung der Elektroden stattfindet und das
Amperemeter momentan abfällt. Wird die Spannung
höher, und beträgt der Widerstand des Schmelzstreifens
nur mehr einen kleinen Bruchteil des Gesamtwider-
standes, so sinkt die Stromstärke nicht so schnell, und
das Durchschmelzen erfolgt entsprechend schneller. Bei
Hochspannungssicherungen tritt infolgedessen die bekannte Explosionserscheinung auf. Auch spielen hier
die infolge der großen Selbstinduktion auftretenden
Extraströme eine wesentliche Rolle.

Die Zeit, welche zwischen der Erreichung der
Schmelztemperatur und der endgültigen Trennung der
Elektroden verstreicht, wird um so kürzer, je größer
der Überschuß an erzeugter über die abgegebene Wärme
ist, d. h. je schneller der Einsatz durchschmilzt. Bei
starker Überlastung sinkt das Amperemeter erst allmählich, bis die Schmelztemperatur erreicht ist, und in
diesem Punkte momentan. Die Kurve des Stromes als
Funktion der Zeit erhält dann in diesem Punkte einen
scharfen Knick.

In vorliegender Arbeit wird nun die nach Einleitung des Schmelzens bis zum endgültigen Durchschmelzen erforderliche Zeit gegenüber der sehr viel größeren Zeit vernachlässigt, welche zur Erwärmung bis auf den Schmelzpunkt erforderlich ist. Mithin ist die Gleichung 1 bis zur Erreichung des Schmelzpunktes als gültig zu betrachten, während sie darüber hinaus wohl einen mathematischen, aber keinen physikalischen Sinn besitzt.

Die Gleichung 1 ist für den praktischen Gebrauch zu kompliziert. Durch eine Annäherung gelingt es jedoch, derselben eine handliche Form zu verleihen. Es möge daher im folgenden als Annäherung die Voraussetzung gemacht werden, daß die Änderung der Temperatur längs des Einsatzes (vgl. Fig. 1) nach einer Parabel erfolge. Der Scheitelwert dieser Parabel, d. h. diejenige Temperatur, welche in dem betrachteten Zeitpunkt in der Mitte des Schmelzeinsatzes auftritt, möge mit T bezeichnet werden, und m sei eine noch zu bestimmende Konstante.

Dann erhält die Kurve $t = f(l)$ die Form

$$t = T - m \left(l - \frac{L}{2} \right)^2.$$

Da nun vorausgesetzt ist, daß die Polschuhe eine unendliche Wärmekapazität besitzen, so muß der Einsatz an den Polschuhen, d. h. für $l = 0$ und $l = L$, die Temperatur der Umgebung $t = t_0$ haben. Daraus folgt:

$$t_0 = T - \frac{m L^2}{4}$$

und

$$m = (T - t_0) \frac{4}{L^2}$$

$$t = T - \frac{4}{L^2} (T - t_0) \left(l - \frac{L}{2} \right)^2$$

$$\frac{dt}{dl} = - \frac{8}{L^2} (T - t_0) \left(l - \frac{L}{2} \right)$$

und

$$\frac{d^2 t}{d l^2} = - \frac{8}{L^2}(T - t_0).$$

Nun interessiert für die vorliegende Aufgabe nur der jeweilige Scheitelwert T der Parabel, d. h. der Punkt höchster Temperatur des Streifens. Setzt man also an Stelle der Temperatur des beliebigen Punktes t diesen Scheitelwert T, und setzt man den obigen Wert des Differentialquotienten zweiter Ordnung in die Gleichung 1 ein, so erhält man

$$\left[\frac{J^2 \varrho_0 (1 + \alpha t)}{41\,600\,q} - k\,0\,(t - t_0) - \frac{16\,q\,\lambda}{L^2}(t - t_0)\right] ds$$
$$= c_0\,q\,(1 + \beta t)\,dt$$

$$ds = \frac{c_0\,q\,(1 + \beta t)\,dt}{\left(\dfrac{J^2 \varrho_0}{41\,600\,q} + k\,0\,t_0 + \dfrac{16\,q\lambda}{L^2}t_0\right) + \left(\dfrac{J^2 \varrho_0\,\alpha}{41\,600\,q} - k\,0 - \dfrac{16\,q\lambda}{L^2}\right)t}$$

$$s = \int \frac{c_0\,q\,dt}{\left(\dfrac{J^2 \varrho_0}{41\,600\,q} + k\,0\,t_0 + \dfrac{16\,q\lambda}{L^2}t_0\right) + \left(\dfrac{J^2 \varrho_0\,\alpha}{41\,600\,q} - k\,0 - \dfrac{16\,q\lambda}{L^2}\right)t}$$

$$+ \int \frac{c_0\,q\,\beta t\,dt}{\left(\dfrac{J^2 \varrho_0}{41\,600\,q} + k\,0\,t_0 + \dfrac{16\,q\lambda}{L^2}t_0\right) + \left(\dfrac{J^2 \varrho_0\,\alpha}{41\,600\,q} - k\,0 - \dfrac{16\,q\lambda}{L^2}\right)t}.$$

Das erste Integral ist:

$$\frac{c_0\,q}{\dfrac{J^2 \varrho_0\,\alpha}{41\,600\,q} - k\,0 - \dfrac{16\,q\,\lambda}{L^2}} \log_{\mathrm{nat}} \left[\frac{J^2 \varrho_0}{41\,600\,q} + k\,0\,t_0 + \frac{16\,q\lambda}{L^2}t_0\right.$$
$$\left. + \left(\frac{J^2 \varrho_0\,\alpha}{41\,600\,q} - k\,0 - \frac{16\,q\,\lambda}{L^2}\right)t\right].$$

Das zweite Integral ist von der Form

$$\int \frac{a x\,dx}{b + c x}.$$

Man setzt
$$y = b + cx$$
$$x = \frac{y - b}{c}$$

dann wird
$$dx = \frac{dy}{c}$$

$$\int \frac{ax\,dx}{b + cx} = a \int \frac{y - b}{c} \cdot \frac{dy}{cy}$$

$$= \frac{a}{c^2} \int dy - \frac{ab}{c^2} \int \frac{dy}{y}$$

$$= \frac{a}{c^2} \left(b + cx - b \log_{\mathrm{nat}} (b + cx) \right).$$

Hierin ist zu setzen
$$a = c_0\, q\, \beta$$
$$b = \frac{J^2\, \varrho_0}{41\,600\, q} + k\, 0\, t_0 + \frac{16\, q\, \lambda}{L^2}\, t_0$$
$$c = \frac{J^2\, \varrho_0\, \alpha}{41\,600\, q} - k\, 0 - \frac{16\, q\, \lambda}{L^2}.$$

Hiermit und mit der oben entwickelten Lösung des ersten Integrals erhält man die Gleichung

$$s = \frac{c_0\, q}{\dfrac{J^2\, \varrho_0\, \alpha}{41\,600\, q} - k\,0 - \dfrac{16\, q\lambda}{L^2}} \log_{\mathrm{nat}} \left[\frac{J^2\, \varrho_0}{41\,600\, q} + k\,0\,t_0 + \frac{16\, q\lambda}{L^2}\, t_0 + \right.$$

$$\left. \left(\frac{J^2\, \varrho_0\, \alpha}{41\,600\, q} - k\,0 - \frac{16\, q\, \lambda}{L^2} \right) t \right] +$$

$$\frac{c_0\, q\, \beta}{\left(\dfrac{J^2\, \varrho_0\, \alpha}{41\,600\, q} - k\,0 - \dfrac{16\, q\lambda}{L^2} \right)^2} \left[\frac{J^2\, \varrho_0}{41\,600\, q} + k\,0\,t_0 + \frac{16\, q\lambda}{L^2}\, t_0 + \right.$$

$$\left(\frac{J^2\, \varrho_0\, \alpha}{41\,600\, q} - k\,0 - \frac{16\, q\lambda}{L^2} \right) t - \left(\frac{J^2\, \varrho_0}{41\,600\, q} + k\,0\,t_0 + \frac{16\, q\lambda}{L^2}\, t_0 \right)$$

$$\log_{\mathrm{nat}} \left(\frac{J^2\, \varrho_0}{41\,600\, q} + k\,0\,t_0 + \frac{16\, q\, \lambda}{L^2}\, t_0 + \left(\frac{J^2\, \varrho_0\, \alpha}{41\,600\, q} - \right. \right.$$

$$\left. \left. \left. k\,0 - \frac{16\, q\, \lambda}{L^2} \right) t \right) \right] - C$$

2*

$$= \frac{c_0\, q}{\dfrac{J^2\, \varrho_0\, \alpha}{41\,600\, q} - k\,0 - \dfrac{16\,q\lambda}{L^2}} \left(1 - \beta\, \frac{\dfrac{J^2\, \varrho_0}{41\,600\, q} + k\,0\,t_0 + \dfrac{16\,q\lambda}{L^2}\,t_0}{\dfrac{J^2\, \varrho_0\, \alpha}{41\,600\, q} - k\,0 - \dfrac{16\,q\lambda}{L^2}} \right)$$

$$\log_{nat} \left[\frac{J^2\, \varrho_0}{41\,600\, q} + k\,0\,t_0 + \frac{16\,q\lambda}{L^2}\,t_0 + \left(\frac{J^2\, \varrho_0\, \alpha}{41\,600\, q} - k\,0 - \frac{16\,q\lambda}{L^2} \right) t \right]$$

$$+ \frac{c_0\, q\, \beta}{\left(\dfrac{J^2\, \varrho_0\, \alpha}{41\,600\, q} - k\,0 - \dfrac{16\,q\,\lambda}{L^2} \right)^2} \left[\frac{J^2\, \varrho_0}{41\,600\, q} + k\,0\,t_0 + \frac{16\,q\,\lambda}{L^2}\,t^0 \right.$$

$$\left. + \left(\frac{J^2\, \varrho_0\, \alpha}{41\,600\, q} - k\,0 - \frac{16\,q\lambda}{L^2} \right) t \right] - C.$$

Für $s = 0$ muß $t = t_a$ sein:

$$C = \frac{c_0\, q}{\dfrac{J^2\, \varrho_0\, \alpha}{41\,600\, q} - k\,0 - \dfrac{16\,q\lambda}{L^2}} \left(1 - \beta\, \frac{\dfrac{J^2\, \varrho_0}{41\,600\, q} + k\,0\,t_0 + \dfrac{16\,q\lambda}{L^2}\,t_0}{\dfrac{J^2\, \varrho_0\, \alpha}{41\,600\, q} - k\,0 - \dfrac{16\,q\lambda}{L^2}} \right)$$

$$\log_{nat} \left[\frac{J^2\, \varrho_0\, (1 + \alpha\, t_a)}{41\,600\, q} - \left(k\,0 + \frac{16\,q\,\lambda}{L^2} \right) (t_a - t_0) \right] +$$

$$\frac{c_0\, q\, \beta}{\left(\dfrac{J^2\, \varrho_0\, \alpha}{41\,600\,q} - k\,0 - \dfrac{16\,q\lambda}{L^2} \right)^2} \left[\frac{J^2\, \varrho_0\,(1 + \alpha\,t_a)}{41\,600\, q} - \left(k\,0 + \frac{16\,q\lambda}{L^2} \right)(t_a - t_0) \right]$$

$$s = \frac{c_0\, q}{\dfrac{J^2\, \varrho_0\, \alpha}{41\,600\, q} - k\,0 - \dfrac{16\,q\,\lambda}{L^2}} \left\{ \beta\,(t - t_a) \right.$$

$$+ \left(1 - \beta\, \frac{\dfrac{J^2\, \varrho_0}{41\,600\, q} + k\,0\,t_0 + \dfrac{16\,q\,\lambda}{L^2}\,t_0}{\dfrac{J^2\, \varrho_0\, \alpha}{41\,600\, q} - k\,0 - \dfrac{16\,q\,\lambda}{L^2}} \right)$$

$$\left. \log_{nat} \frac{\dfrac{J^2\, \varrho_0\,(1 + \alpha\,t)}{41\,600\, q} - \left(k\,0 + \dfrac{16\,q\,\lambda}{L^2} \right)(t - t_0)}{\dfrac{J^2\, \varrho_0\,(1 + \alpha\,t_a)}{41\,600\, q} + \left(k\,0 + \dfrac{16\,q\,\lambda}{L^2} \right)(t_a - t_0)} \right\} \quad \dots \dots \ (2$$

Diese Gleichung gilt sowohl für $t_a < t$, als auch $t_a > t$, d. h. für Erwärmung wie für Abkühlung eines stromdurchflossenen Leiters, welcher mit einer Anfangstemperatur t_a eingeschaltet wird.

Hat der Einsatz eine Anfangstemperatur t_a, und wird der Strom $J = 0$, so erfolgt die Abkühlung nach der Gleichung:

$$s = - \frac{c_0\, q}{k\, 0 + \dfrac{16\, q\lambda}{L^2}} \left\{ \beta\, (t - t_a) + (1 + \beta\, t_0) \log_{\mathrm{nat}} \frac{t - t_0}{t_a - t_0} \right\}$$

$$s = \frac{c_0\, q}{k\, 0 + \dfrac{16\, q\lambda}{L^2}} \left\{ \beta\, (t_a - t) + (1 + \beta\, t_0) \log_{\mathrm{nat}} \frac{t_a - t_0}{t - t_0} \right\} \quad . \ (2a$$

Bei der Ableitung der vorliegenden Gleichung 2 resp. 2a war die Voraussetzung gemacht worden, daß die Wärmekapazität der Polschuhe eine unendlich große sei, so daß die Polschuhe die Temperatur des umgebenden Raumes behalten. Diese Voraussetzung ist in der Praxis niemals erfüllt. Die Polschuhe, wie sie in der Praxis aus Gründen der Zweckmäßigkeit und des Preises verwendet werden, erwärmen sich stets und erreichen häufig so hohe Temperaturen, daß man sie nicht mehr berühren kann.

Ferner werden häufig die Schmelzeinsätze nicht stabförmig ausgebildet, d. h. ihr Querschnitt wird längs der ganzen Länge nicht konstant ausgeführt. In vielen Fällen wird der Streifen in der Mitte eingeschnürt, so daß die hohen Temperaturen nur in einem kurzen Stück auftreten, und mithin die durch die Erwärmung hervorgerufene Längenänderung auf ein geringes Maß reduziert wird.

Wenn man sich die Kurve der Temperatur über einem derartigen Einsatz aufträgt (Fig. 2), so erhält man nicht mehr eine stetige Kurve, sondern mehrere, mit einem mehr oder weniger scharfen Knick aneinander-

gesetzte Kurven, welche auch über die Polschuhe hinweg-
gehen und an den Enden der Polschuhe mit einem weit
über die Raumtemperatur hinausliegenden Werte ab-
brechen. Man kann aus diesen Kurven jedoch eine
stetige Kurve nach Art der auf Seite 13 näherungsweise
angenommenen Parabel machen, wenn man die Teile
stärkeren Querschnittes oder größerer Oberfläche, deren
Kurven gegenüber der Parabel des Mittelteils verzerrt
erscheinen, in entsprechender Weise auseinandergezogen
denkt.

Auf diese Weise gelangt man zu dem Begriffe einer
ideellen Länge, d. i. der äquivalenten Länge eines stabförmigen Streifens vom konstanten Querschnitt des
Mittelstückes und mit unendlichen Polschuhen, welcher
in seinem Mittelteile dieselben Erwärmungsverhältnisse
aufweisen würde wie der vorliegende Streifen.

Denkt man sich über dem Mittelstück des wirklichen Einsatzes die Temperaturparabel verzeichnet, und
verlängert man diesen Parabelbogen, der in der Mitte
seinen Scheitel besitzt, beiderseits bis zur Temperatur t_0,
so ist die Sehne dieser Parabel, welche durch die
Horizontale $t = t_0$ abgeschnitten wird, gleich der ideellen
Länge L des Einsatzes. Die ideelle Länge kann in einer
Sicherung je nach dem Einsatz verschieden sein, wenn
die Klemmstücke zur Wärmeableitung stark beitragen.
Vergrößert man nämlich die Wärmekapazität des Einsatzes, z. B. indem man denselben Schnitt aus stärkerem
Blech herstellt, ohne auch die Kapazität der Klemmstücke entsprechend zu vergrößern, so wird die Wärmeableitung durch die Klemmstücke geringer, die Mittelparabel flacher, die ideelle Länge größer.

Vergrößert man bei demselben stabförmigen Einsatz
die Wärmekapazität der Klemmstücke, so wird die
Wärmeableitung stärker, die Mittelparabel erhält einen
kleineren Krümmungsradius an jeder Stelle, und die
ideelle Länge sinkt. Hieraus erklärt sich der schon

von Feldmann beobachtete Einfluß einer Vergrößerung der Klemmen.

Es ist ohne weiteres einleuchtend, daß die Berechnung der ideellen Länge eines gegebenen Einsatzes in einer gegebenen Sicherung außerordentlich schwierig und kompliziert wird. Dagegen läßt sich die ideelle Länge verhältnismäßig einfach durch Abschmelzversuche ermitteln. Man spannt den betreffenden Streifen in die zugehörige Sicherung ein und schmilzt ihn mit einem

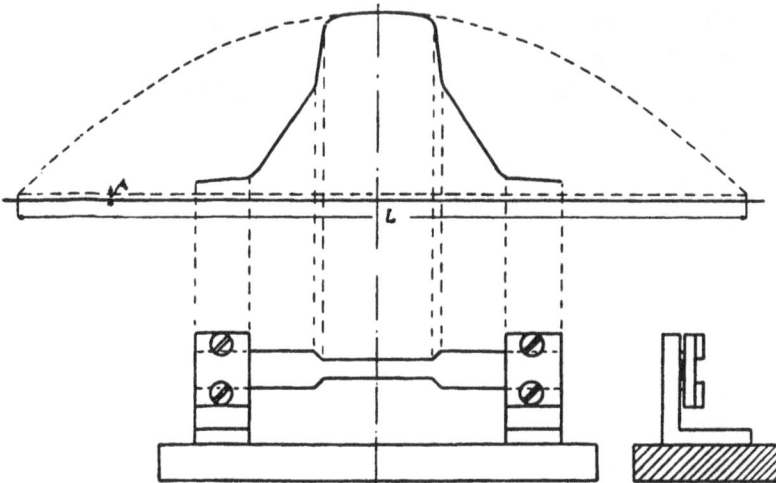

Fig. 2.

beliebigen, konstanten Strom durch. Derselbe Versuch wird mit einem zweiten, gleichen Streifen in derselben Sicherung, aber mit einem andern konstanten Strome wiederholt. In beiden Fällen werden die vom Einschalten bis zum Durchschmelzen verstreichenden Zeiten gemessen. Wie sich aus der Gleichung 2 ergibt, sind zwei Konstanten, die Ventilationskonstante k und die ideelle Länge L, unbekannt; im übrigen kommen nur der Strom und die Schmelzzeit, der Querschnitt und Umfang des mittleren, stabförmigen Teiles, die Raumtemperatur und eine Reihe Materialkonstanten vor. Es

ist also möglich, aus zwei Messungen die ideelle Länge
und die Ventilationskonstante zu ermitteln.

Im allgemeinen werden jedoch die Messungen nicht
genügend genau ausfallen, so daß es sich empfiehlt, noch
mehrere Kontrollmessungen anzustellen.

Es ist möglich, die ideelle Länge dadurch zu verändern, daß man an dem Einsatz oder den Polschuhen
zusätzliche Wärmekapazitäten anbringt, z. B. indem man
an dem Schmelzeinsatz Metallmassen festklemmt, oder
indem man ein Stück eines runden Drahtes flach hämmert.
Es ist hierdurch die Möglichkeit gegeben, ohne Änderung
der Sicherungskonstruktion und des Einsatzes die Abschmelzverhältnisse zu beeinflussen.

Die vorstehenden Darlegungen beziehen sich auf
Streifen beliebiger Länge. Wird die Länge so groß, daß
in der Mitte des Streifens eine Zone gleicher Temperatur
sich einstellt, daß also im Scheitel der Parabel ein verhältnismäßig langes, horizontales Stück vorhanden ist,
so kann man die ideelle Länge L gleich ∞ setzen. Es
vereinfacht sich dadurch die Formel wesentlich. Nach
den Versuchen von Feldmann ist schon bei einer Länge
von ca. 15 cm ein Einfluß der Polschuhe kaum zu kon-
statieren. Die Versuche des Verfassers mit stabförmigen
Einsätzen von 16 cm ließen bei Drahtstärken über
1,5 mm ebenfalls einen Einfluß der Klemmstücke nicht
erkennen. Man kann demnach bei allen Sicherungen
mit Einsätzen von konstantem Querschnitt, welche die
angegebenen Maße überschreiten, insbesondere bei Hochspannungssicherungen die Wärmeleitung innerhalb des
Einsatzes vernachlässigen, vorausgesetzt daß die Wärmekapazität der Klemmen nicht zu groß ist. Man erhält
für lange Sicherungen also die Formeln:

$$\left[\frac{J^2 \varrho_0 (1 + \alpha t)}{41\,600\,q} - k\,0\,(t - t_0)\right] ds = c_0\,q\,(1 + \beta t)\,dt, \;\ldots\,(1\text{b}$$

$$s = \cfrac{c_0\,q}{\cfrac{J^2\,\varrho_0\,\alpha}{41\,600\,q} - k\,0} \left\{ \beta\,(t - t_a) + \left(1 - \beta\,\cfrac{\cfrac{J^2\,\varrho_0}{41\,600\,q} + k\,0\,t_0}{\cfrac{J^2\,\varrho_0\,\alpha}{41\,600\,q} - k\,0}\right) \right.$$

$$\left. \log_{\text{nat}} \cfrac{\cfrac{J^2\,\varrho_0\,(1 + \alpha\,t)}{41\,600\,q} - k\,0\,(t - t_0)}{\cfrac{J^2\,\varrho_0\,(1 + \alpha\,t_a)}{41\,600\,q} - k\,0\,(t_a - t_0)} \right\} \quad . \quad . \quad (2\text{b}$$

Da für die wichtigeren der vorliegenden Versuche und für das hauptsächlich in Betracht kommende Anwendungsgebiet die Annahme einer unendlichen ideellen Länge zulässig ist, so möge im folgenden nur die Diskussion der Gleichung 2 b gegeben werden. Es ist ohne Schwierigkeiten möglich, nach derselben die Diskussion der Gleichung 2 zu entwickeln. Beide Gleichungen unterscheiden sich nämlich nur darin, daß in Gleichung 2 stets der Ausdruck $k\,0 + \dfrac{16\,q\,\lambda}{L^2}$ an die Stelle des Ausdrucks $k\,0$ tritt, d. h. daß sich zu der pro Grad Temperaturdifferenz nach außen abgeführten Wärme die pro Grad Temperaturdifferenz im Innern abgeleitete Wärme addiert.

In Übereinstimmung mit den Versuchen wurde hierbei Gleichung 2 b noch durch die Voraussetzung vereinfacht, daß die Anfangstemperatur beim Einschalten des Einsatzes gleich der Raumtemperatur t_0 sei.

Die Diskussion betrifft daher insbesondere folgende Gleichung, welche auch der rechnerischen Kontrolle der Versuche zugrundegelegt ist:

$$s = \cfrac{c_0\,q}{\cfrac{J^2\,\varrho_0\,\alpha}{41\,600\,q} - k\,0} \left\{ \beta\,(t - t_0) + \left(1 - \beta\,\cfrac{\cfrac{J^2\,\varrho_0}{41\,600\,q} + k\,0\,t_0}{\cfrac{J^2\,\varrho_0\,\alpha}{41\,600\,q} - k\,0}\right) \right.$$

$$\left. \log_{\text{nat}} \left(\cfrac{1 + \alpha\,t}{1 + \alpha\,t_0} - \cfrac{41\,600\,q\,k\,0\,(t - t_0)}{J^2\,\varrho_0\,(1 + \alpha\,t_0)}\right) \right\} \quad . \quad . \quad (2\text{c}$$

Diskussion der Gleichung für lange, stabförmige Einsätze und Erwärmung von der Raumtemperatur aus.

Wenn man die pro Sekunde zu- und abgeführte Energie in g-Kalorien als Funktion der jeweiligen Temperatur t in der Mitte des Schmelzeinsatzes aufträgt, so erhält man zwei gerade Linien:

$$W_z = \frac{J^2 \varrho_0 (1 + \alpha t)}{41\,600\,q}.$$

$$W_a = k\,0\,(t - t_0).$$

Die Differenz der beiden Geraden ergibt die bei der betreffenden Temperatur zur weiteren Temperaturerhöhung verwendete Wärme (vgl. Fig. 3). Die letztere wird Null, d. h. eine Temperaturerhöhung tritt nicht auf, wenn $W_z = W_a$.

In Fig. 3 sind einige derartige Diagramme gezeichnet, welche sich an die später beschriebenen Versuche anlehnen und auf einen Aluminiumdraht von 2 mm Durchmesser in der Porzellanpatrone P 130 der Dr. Paul Meyer A.-G. beziehen.

Für verschiedene Ströme erhält man ein Bündel von Wärmezuleitungsgeraden, welche sich alle in der Abszissenachse im Punkte $t = -\dfrac{1}{\alpha}$ schneiden, da für diesen Wert W_z Null wird. Die W_z-Linien sind für 50, 71, 80, 86 und 90 Amp. eingezeichnet.

Für die Ableitungsgerade W_a ist die Bedingung maßgebend, daß bei $t = t_0$ die abgeleitete Wärme Null werden muß, da ein Temperaturgefälle gegen die Umgebung nicht mehr vorhanden ist.

Eine zweite Bedingung für die Ableitungsgerade läßt sich finden, wenn man die Temperatur kennt, welche sich bei dauernder, konstanter Belastung mit einem bestimmten Ströme einstellt. Für diese Temperatur muß nämlich $W_z = W_a$ sein, d. h. in der Ordinate, welche dieser Temperatur entspricht, schneidet die gesuchte W_a-Gerade die dem verwendeten Strome entsprechende W_z-Gerade. Nun ist es nicht möglich, diese Temperatur direkt zu messen, da man durch Anbringung eines Thermometers die Ventilationskonstante ändern würde. Eine Temperaturmessung durch die Widerstands-

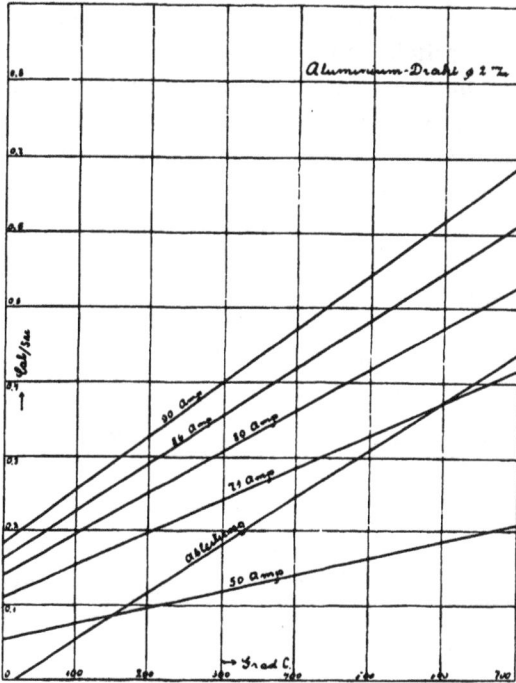

Fig. 3.

zunahme würde aber nicht die gesuchte Temperatur in der Mitte, sondern eine Durchschnittstemperatur längs des ganzen Einsatzes ergeben.

Kennt man aber denjenigen Strom, bei welchem der Einsatz nicht mehr oder erst nach unendlicher Zeit durchschmilzt, so weiß man, daß für diesen Strom ein Beharrungszustand bei der Schmelztemperatur eintreten würde, vorausgesetzt daß der Einsatz nicht schmelzen würde. Die W_a-Gerade schneidet also die W_z-Gerade für diesen Strom im Schmelzpunkte. Diesen Umständen entspricht in Fig. 3 die Gerade für 71 Amp.

Man sieht hieraus, daß der Strom J_0, bei welchem der Einsatz gerade nicht mehr oder erst in unendlicher Zeit durchschmilzt, eine besonders wichtige Rolle spielt. Er möge im folgenden als Grenzstrom bezeichnet werden.

Man ermittelt den Grenzstrom am einfachsten, indem man die Belastung in kleinen Stufen steigert und jedesmal vor weiterer Steigerung das Eintreten des Beharrungszustandes abwartet. Der Grenzstrom liegt dann zwischen dem letzten Stromwert, bei dem der Einsatz durchschmolz, und dem nächst kleineren, und zwar um so näher am vorletzten, je kürzer die Belastung mit dem letzten Stromwert war.

Aus der Bedingung, daß die W_z-Gerade für den Grenzstrom und die W_a-Gerade sich bei der Schmelztemperatur t_s schneiden, folgt

$$\frac{J_0^2 \, \varrho_0 \, (1 + \alpha t_s)}{41\,600 \, q} = k \, O \, (t_s - t_0) + \frac{16 \, q \, \lambda}{L^2} (t_s - t_0).$$

Daraus folgt der Grenzstrom

$$J_0 = \sqrt{\frac{41\,600 \, (t_s - t_0)}{\varrho_0 \, (1 + \alpha t_s)}} \cdot \sqrt{q \left(k \, O + \frac{16 \, q \, \lambda}{L^2} \right)} \quad . \quad . \quad (3$$

und es ist die Konstante

$$\sqrt{\frac{41\,600 \, (t_s - t_0)}{\varrho_0 \, (1 + \alpha t_s)}}$$

für

Kupfer	22 650
Silber	23 000
Aluminium	15 950
Zink	10 500
Blei	5 290
Zinn	6 320
3 Sn + 2 Pb	4 820.

Verwendet man Streifen von unendlicher ideeller Länge und Kreisquerschnitt, so wird der Grenzstrom

$$J_0 = \sqrt{\frac{\pi^2}{4} \cdot \frac{41\,600\,(t_s - t_0)}{\varrho_0\,(1 + \alpha t_s)}} \cdot \sqrt{k\,d^3} \quad . \quad . \quad (3a$$

und die Konstante

$$\sqrt{\frac{\pi^2}{4} \cdot \frac{41\,600\,(t_s - t_0)}{\varrho_0\,(1 + \alpha t_s)}}$$

für

Kupfer	35 600
Silber	36 150
Aluminium	25 100
Zink	16 500
Blei	8 300
Zinn	9 950
3 Sn + 2 Pb	7 580.

Andererseits berechnet man die Ventilationskonstante aus dem Grenzstrom langer Schmelzeinsätze

$$k = \frac{\varrho_0\,(1 + \alpha t_s)}{41\,600\,(t_s - t_0)} \cdot \frac{J^2}{q\,0}$$

mit der Konstanten

$$\frac{\varrho_0\,(1 + \alpha t_s)}{41\,600\,(t_s - t_0)}$$

für

Kupfer	1,95	$\cdot 10^{-9}$
Silber	1,885	$\cdot 10^{-9}$
Aluminium	3,93	$\cdot 10^{-9}$
Zink	9,08	$\cdot 10^{-9}$
Blei	35,8	$\cdot 10^{-9}$
Zinn	25,2	$\cdot 10^{-9}$
3 Sn + 2 Pb . . .	43	$\cdot 10^{-9}$

und für runde Drähte ergibt sich

$$k = \frac{4\,\varrho_0\,(1 + \alpha t_s)}{\pi^2\,\,41\,600\,(t_s - t_0)} \cdot \frac{J_0^2}{d^3}$$

und die Konstante

$$\frac{4\,\varrho_0\,(1 + \alpha\,t_s)}{\pi^2 \cdot 41\,600\,(t_s - t_0)}$$

für

Kupfer	$7,9$	$\cdot 10^{-10}$
Silber	$7,63$	$\cdot 10^{-10}$
Aluminium . . .	$15,88$	$\cdot 10^{-10}$
Zink	$36,65$	$\cdot 10^{-10}$
Blei	$144,7$	$\cdot 10^{-10}$
Zinn	102	$\cdot 10^{-10}$
3 Sn + 2 Pb . . .	174	$\cdot 10^{-10}.$

Für Streifen von endlicher ideeller Länge ist

$$J_0 = \sqrt{\frac{41\,600\,(t_s - t_0)}{\varrho_0\,(1 + \alpha\,t_s)}} \cdot \sqrt{q\left(k\,0 + \frac{16\,q\,\lambda}{L^2}\right)} \quad . \quad . \quad (3$$

Hat man also die Grenzströme für zwei Einsätze mit gleicher ideeller Länge, so kann man aus den beiden Gleichungen 3 die Werte k und L berechnen.

Die Ableitungsgerade liegt für einen bestimmten Einsatz und eine bestimmte Sicherung fest; sie ist unabhängig vom Strom.

Bei niedrigen Temperaturen, welche die Raumtemperatur wenig übersteigen, ist die abgeleitete Wärme stets niedriger als die zugeführte Stromwärme. Die Stromlinien W_z liegen also bei t_0 Grad höher als die W_a-Gerade, und damit sie die W_a-Gerade schneiden, ist es erforderlich, daß sie flacher verlaufen, oder daß

$$\frac{d\,W_z}{dt} < \frac{d\,W_a}{dt}$$

oder

$$\frac{J^2\,\varrho_0\,\alpha}{41\,600\,q} < k\,0.$$

Da nun die Beziehungen zwischen den Neigungswinkeln der Geraden einen wesentlichen Einfluß haben, so seien an Hand der Fig. 3 und 4 die Verhältnisse besprochen, welche sich einstellen, wenn $\dfrac{d\,W_z}{dt}$ kleiner,

gleich oder größer als $\dfrac{d\,W_a}{dt}$ ist.

Die Fig. 4 stellt für einige der in Fig. 3 dargestellten Fälle den zeitlichen Verlauf der Temperatur in der Mitte des erwähnten Aluminiumdrahtes unter Zugrundelegung der Gleichung 2 dar.

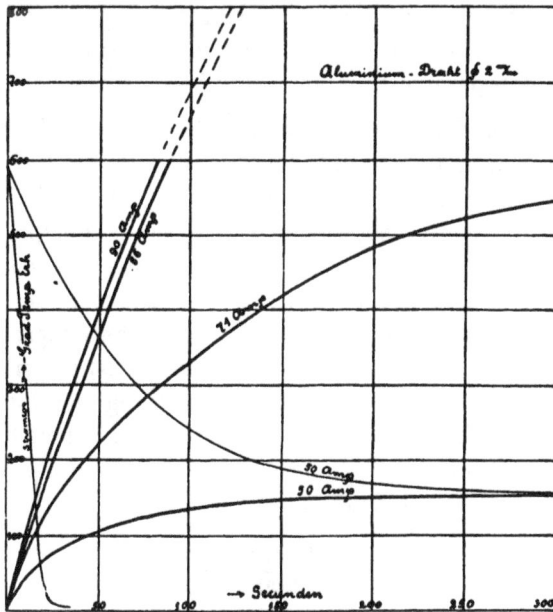

Fig. 4.

Fall A: $\dfrac{J^2\,\varrho_0\,\alpha}{41\,600\,q} < k\,0.$

In diesem Falle schneiden sich Zu- und Ableitungslinie, und zwar bei einer um so tieferen Temperatur, je kleiner J ist. Liegt der Schnittpunkt unterhalb der Schmelztemperatur t_s, so tritt der Beharrungszustand schon bei einer niedrigeren Temperatur auf, und der Einsatz schmilzt überhaupt nicht durch. Aus dem Diagramm Fig. 3 kann man also die Temperatur entnehmen, welche die Mitte des Einsatzes bei einer dauernden Belastung mit einem Strome, der unter dem Grenzstrome liegt, erreicht. Als Beispiel mögen die Kurven für 50 Amp. in Fig. 3 und 4 dienen; die Endtemperatur beträgt nach Fig. 3 155⁰; demnach besitzt die Zeitkurve Fig. 4 für 50 Amp. eine horizontale Asymptote für 155⁰.

Für den Grenzstrom J_0 liegt der Schnittpunkt der Geraden W_z und W_a bei der Schmelztemperatur t_s (vgl. Fig. 3 für 71 Amp.). Die Zeitkurve hat demnach bei der Schmelztemperatur $t_s = 600^0$ eine horizontale Asymptote.

Wächst der Strom über den Grenzstrom J_0 hinaus, so liegt der Schnittpunkt der Geraden W_z und W_a über der Schmelztemperatur. Wenn der Einsatz also nicht schmelzen würde, so würde er bei einer entsprechend hohen Temperatur in den Beharrungszustand gelangen, und die Zeitkurve Fig. 4 würde bei dieser hohen Temperatur ihre Asymptote haben. Dieser Beharrungszustand ist nur von mathematischem Interesse; er ist physikalisch unmöglich, da der Einsatz bei Erreichung des Schmelzpunktes abschmilzt, und die physikalische Kurve hiermit abbricht. Mathematisch gesprochen ist aber ein reeller Beharrungszustand denkbar.

$$\text{Fall B:} \quad \frac{J^2 \varrho_0 \, \alpha}{41600 \, q} = k\, 0.$$

Die Zu- und Ableitungsgeraden sind parallel, ihr Schnittpunkt rückt ins Unendliche. Bei jeder Temperatur wird in der Sekunde eine gleiche Wärmemenge in den Einsatz hineingeleitet, und die Temperatur muß ins Unendliche steigen. Die Zeitkurve hat keine Asymptote mehr. Als Beispiel mögen die Linien für 80 Amp. in Fig. 3 und 4 dienen.

$$\text{Fall C:} \quad \frac{J^2 \varrho_0 \, \alpha}{41600 \, q} > k\, 0.$$

Die Geraden W_z und W_a divergieren nach rechts. Bei steigender Temperatur wird die aufgenommene Wärme immer größer, die Temperatur steigt also noch schneller als im Falle B. Die Zeitkurve hat keine Asymptote (s. 80 Amp.).

Der Schnittpunkt der Geraden W_z und W_a liegt bei einer negativen Temperatur, so daß man nach optischen Analogien von einem virtuellen Beharrungszustand reden kann.

Eine senkrechte Asymptote der Zeitkurve kann nicht auftreten, da die aufgenommene Wärme pro Grad Temperaturerhöhung $c_0 q (1 + \beta t)$ mit der Temperatur steigt. Für $t = \infty$ muß also auch $W_z - W_a = \infty$ werden, und dieser Wert kann erst nach unendlicher Zeit erreicht werden.

Die im vorstehenden besprochenen Verhältnisse müssen sich auch aus der Gleichung 2c ableiten lassen, und dies möge zur Kontrolle im folgenden geschehen.

$$\text{Fall A}: \frac{J^2 \varrho_0 \alpha}{41600 q} < k\,0.$$

Es möge $\dfrac{J^2 \varrho_0 \alpha}{41600 q} = k\,0\,\nu$ gesetzt werden, wobei nach Voraussetzung $\nu < 1$. Dann erhält Gleichung 2c die Form

$$S = \frac{c_0 q}{\nu - 1} \left\{ \beta (t - t_0) + \left(1 - \beta \frac{\frac{\nu}{\alpha} + t_0}{\nu - 1} \right) \right.$$
$$\left. \log_{\text{nat}} \frac{1 + \alpha t - \frac{\nu}{\alpha}(t + t_0)}{1 + \alpha t_0} \right\}$$

Der Logarithmus wird Null für

$$1 + \alpha t - \frac{\alpha}{\nu}(t - t_0) = 1 + \alpha t_0$$

oder

$$t = t_0.$$

d. h. bei Einschaltung hat der Streifen die Raumtemperatur, denn mit dem Logarithmus wird $s = $ Null.

Andererseits wird der Logarithmus $= -\infty$ für

$$1 + \alpha t - \frac{\alpha}{\nu}(t - t_0) = 0$$

oder

$$t = -\frac{1 + \frac{\alpha}{\nu}t_0}{\alpha\left(1 - \frac{1}{\nu}\right)}$$

$$= +\frac{\nu + \alpha t_0}{\alpha(1 - \nu)}.$$

Für eine größere Temperatur wird der Logarithmus imaginär, mithin kann dieser Fall nicht eintreten. Diese Grenztemperatur ist aber definiert durch:

$$t = \frac{\nu + \alpha t_0}{\alpha(1 - \nu)}$$

oder

$$\alpha t (1 - \nu) = \nu + \alpha t_0$$

oder

$$\alpha t - \frac{J^2 \varrho_0 \alpha^2 t}{41600\, q\, k\, 0} = \frac{J^2 \varrho_0 \alpha}{41600\, q\, k\, 0} + \alpha t_0$$

oder

$$k\, 0\, (t - t_0) = \frac{J^2 \varrho_0 (1 + \alpha t)}{41600\, q}.$$

Dies ist aber der Schnittpunkt der Geraden W_z und W_a unserer Diskussion. Es kann also eine höhere Temperatur, als diesem Schnittpunkt entspricht, niemals vorkommen, wie oben dargetan.

Andererseits wird für diese Temperatur der Logarithmus $-\infty$, und da $\frac{c_0\, q}{\nu - 1}$ stets negativ ist, wird die Schmelzzeit, resp. die Zeit, welche bis zur Erreichung dieser Temperatur verläuft, $+\infty$, und diese Temperatur ist die Asymptote in der Zeitkurve.

Für sämtliche Werte zwischen $s = 0$ und $s = \infty$, resp. $t = t_0$ und $t = \dfrac{\nu + \alpha t_0}{\alpha (1 - \nu)}$ ist der Logarithmus negativ

$$\beta \frac{\dfrac{\nu}{\alpha} + t_0}{\nu - 1} \qquad \text{negativ}$$

$$1 - \beta \frac{\dfrac{\nu}{\alpha} + t_0}{\nu - 1} \qquad \text{positiv}$$

$$\left(1 - \beta \frac{\dfrac{\nu}{\alpha} + t_0}{\nu - 1} \right) \log_{\text{nat}} \quad \text{negativ}$$

$$\frac{c_0\, q}{\nu - 1} \qquad \text{negativ}$$

$$\beta\, (t - t_0) \qquad \text{positiv.}$$

Der ganze Ausdruck für s ist also positiv, wenn

$$\beta\, (t - t_0) < -\left(1 - \beta \frac{\dfrac{\nu}{\alpha} + t_0}{\nu - 1} \right) \log_{\text{nat}} \quad . \quad . \quad .$$

Beide Werte sind Null für $t = t_0$, die rechte Seite wächst aber schneller und erreicht den Wert ∞, wenn die linke Seite noch endlich ist.

Mithin ist s positiv, hat bei $t = t_0$ den Wert Null, wächst mit steigendem Werte t und wird unendlich, wenn der Schnittpunkt der Geraden $W_z = f\,(t)$ und $W_a = f\,(t)$ erreicht ist, wie nach obigen Darlegungen (S. 27 und 28) zu erwarten war.

$$\text{Fall B:} \quad \frac{J^2\, \varrho_0\, \alpha}{41\,600\, q} = k\, 0$$
$$\nu = 1.$$

Die Gleichung erhält die Form

$$S = \infty \left\{ \text{const.} + (1 - \infty) \log_{\text{nat}} \text{null} \right\}$$

und wird unbestimmt.

Man bedient sich in diesem Falle zweckmäßig einer anderen Gleichung, welche im folgenden entwickelt werden möge:

In diesem Falle ist bei konstantem Strom die pro Sekunde aufgenommene Wärme

$$\frac{J^2 \varrho_0 (1 + \alpha t)}{41\,600\,q} - k\,0\,(t - t_0) = \varDelta W$$

eine Konstante. Man erhält also

$$\varDelta W\,ds = c_0\,q\,(1 + \beta t)\,dt$$

$$\varDelta W\,s = c_0\,q\left(t + \frac{\beta}{2}\,t^2\right) - C.$$

Die Integrationskonstante folgt wieder aus der Bedingung, daß für $s = 0$ die Temperatur $t = t_0$ sein muß:

$$C = c_0\,q\left(t_0 + \frac{\beta}{2}\,t_0{}^2\right)$$

$$s = \frac{c_0\,q}{\varDelta W}\left(t - t_0 + \frac{\beta}{2}\,(t^2 - t_0{}^2)\right) \quad \cdot \quad \cdot \quad \cdot \quad (4$$

Die Konstante

$$c_0\left(t_s - t_0 + \frac{\beta}{2}\,t_s{}^2 - \frac{\beta}{2}\,t_0{}^2\right)$$

ist für

Kupfer	1160
Silber	750
Aluminium.	446
Zink	301
Blei	123,5
Zinn	97,5.

Bei Streifen von endlicher ideeller Länge kann man dieselbe Formel verwenden, nur ist dann zu setzen:

$$\varDelta W = \frac{J^2 \varrho_0 (1 + \alpha t)}{41\,600\,q} - \left(k\,0 + \frac{16\,q\,\lambda}{L^2}\right)(t - t_0).$$

Wie sich auf Grund der Gleichung 4 ergibt, erreicht die Temperatur erst den Wert ∞, wenn $s = \infty$ wird und umgekehrt. Mithin hat die Zeitkurve keine Asymptote.

$$\text{Fall C: } \frac{J^2 \varrho_0 \alpha}{41\,600\,q} > k\,0.$$

Setzt man wieder

$$\frac{J^2 \varrho_0 \alpha}{41\,600\,q} = k\,0\,\nu,$$

so ist nunmehr $\nu > 1$ zu betrachten.

Man erhält wie oben (S. 29) die Gleichung:

$$S = \frac{c_0\,q}{\nu - 1}\left\{ \beta\,(t - t_0) + \left(1 - \beta^{\frac{\frac{\nu}{\alpha} + t_0}{\nu - 1}}\right) \right.$$
$$\left. \log_{\text{nat}} \frac{1 + \alpha t - \frac{\alpha}{\nu}\,(t - t_0)}{1 + \alpha t_0} \right\}.$$

Der Logarithmus wird wieder Null, wenn $t = t_0$. Dann wird aber auch $\beta\,(t - t_0)$ Null, mithin auch $s = 0$.

Für $t > t_0$ wächst sowohl $\beta\,(t - t_0)$ als auch das Logarithmenglied, mithin auch s.

Nur für $t = \infty$ wird auch $s = \infty$, also hat die Zeitkurve keine Asymptote.

Wie sich aus den vorstehenden Betrachtungen ergibt, entspricht die Gleichung 2c den nach Überlegung aufgestellten Bedingungen in allen Fällen, in denen $t > t_0$, d. h. in denen eine Erwärmung stattfindet.

In den Fällen jedoch, in denen $t < t_0$, d. h. wenn eine Abkühlung stattfindet, ergibt die Formel 2c imaginäre Werte.

Da der Fall einer Abkühlung jedoch praktisch von ganz untergeordneter Bedeutung ist, so wurde von einer Behandlung desselben abgesehen.

Hierfür ist die Formel 2 zu benutzen. Zwei Kurven, welche dieser Formel entsprechen und für einen Aluminiumdraht von 2 mm Durchmesser für Patrone P 130 gelten, welcher zunächst bis auf eine Temperatur von 590⁰ erwärmt und dann das eine Mal mit einem Strom von 50 Amp., das andere Mal ohne Strom abgekühlt wird, sind in der Fig. 4 eingetragen. Die Abkühlungs-gleichung für einen Streifen ohne Strombelastung ergibt sich aus der Gleichung 2, indem man den Strom Null einsetzt.

Aus der Beziehung für den Schnittpunkt der Wärme-ableitungs- und Zuleitungsgeraden ergibt sich die Behar-rungstemperatur des Einsatzes bei einem beliebigen Strom:

$$t_z = - \frac{\dfrac{J^2 \varrho_0}{41\,600\, q} + \left(k\,0 + \dfrac{16\, q\, \lambda}{L^2}\right) t_0}{\dfrac{J^2 \varrho_0\, \alpha}{41\,600\, q} - \left(k\,0 + \dfrac{16\, q\, \lambda}{L^2}\right)}.$$

Diese Temperatur wird nur erreicht, wenn der Strom kleiner als der Grenzstrom ist. Sie ist positiv, wenn

$$\frac{J^2 \varrho_0\, \alpha}{41\,600\, q} < k\,0 + \frac{16\, q\, \lambda}{L^2}$$

und wird virtuell (negativ), wenn

$$\frac{J^2 \varrho_0\, \alpha}{41\,600\, q} > k\,0 + \frac{16\, q\, \lambda}{L^2}.$$

Setzt man $J = \varepsilon\, J_0$, wobei $\varepsilon < 1$ ist, so ist

$$\frac{J^2 \varrho_0\, (1 + \alpha t)}{41\,600\, q} = \frac{\varepsilon^2 J_0{}^2 \varrho_0\, (1 + \alpha t)}{41\,600\, q} =$$

$$\varepsilon^2 \left(k\,0 + \frac{16\, q\, \lambda}{L^2}\right) (t_s - t_0) \frac{1 + \alpha t}{1 + \alpha t_s}$$

daher

$$k\,0 + \frac{16\, q\, \lambda}{L^2} = \frac{J^2 \varrho_0}{41\,600\, q} \cdot \frac{1 + \alpha t_s}{\varepsilon^2\, (t_s - t_0)}.$$

Wenn man diesen Wert in die Formel für t_z ein-setzt, so ergibt sich

$$t_z = \frac{\dfrac{J^2 \varrho_0}{41\,600\, q} + \dfrac{J^2 \varrho_0}{41\,600\, q} \cdot \dfrac{(1 + \alpha t_s)\, t_0}{\varepsilon^2\, (t_s - t_0)}}{\dfrac{J^2 \varrho_0}{41\,600\, q} \cdot \dfrac{1 + \alpha t_s}{\varepsilon^2\, (t_s - t_0)} - \dfrac{J^2 \varrho_0\, \alpha}{41\,600\, q}}$$

$$= \frac{\varepsilon^2\, (t_s - t_0) + (1 + \alpha t_s)\, t_0}{1 + \alpha t_s - \varepsilon^2 \alpha\, (t_s - t_0)}.$$

Die Werte $t_z = f(\varepsilon)$ sind für die untersuchten Materialien in Fig. 5 aufgetragen.

Aus diesen Kurven ergibt sich, daß Kupfereinsätze bei einer Belastung von 90% des Grenzstromes nicht wärmer als 520° C werden können, daß mithin eine nennenswerte Oxydation nicht zu befürchten ist, wenn

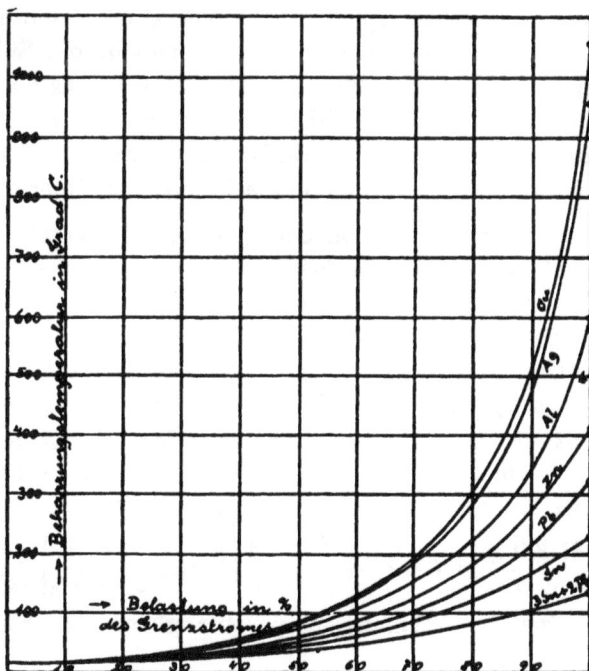

Fig. 5.

der Strom nicht längere Zeit 90% des Grenzstromes übersteigt. Ist aber der Stromkreis dauernd so stark überlastet, so schadet es auch nicht viel, wenn die Oxydation, welche verhältnismäßig langsam vor sich geht, ein früheres Durchschmelzen verursacht. Der Maschinist wird nur darauf aufmerksam gemacht, daß die Belastung zu hoch ist.

Durch eine Versilberung des Kupfereinsatzes läßt sich im übrigen die Oxydation sehr merklich zurückhalten, so daß in dieser Hinsicht gegen die Verwendung von Kupfer als Schmelzmaterial nichts einzuwenden ist.

Gegenüber versilberten Kupfereinsätzen bieten die reinen Silbereinsätze keinerlei Vorteile: die Masse ist nicht geringer, die Schmelztemperatur nur unwesentlich niedriger. Dagegen spielt der Preis eine wesentliche Rolle, und es dürfte sich daher empfehlen, die Silbereinsätze aufzugeben. Wo es auf geringe Massen ankommt, nehme man versilbertes Kupfer; wo die Temperatur niedrig gehalten werden soll, verwende man Aluminium, Zink oder leichter schmelzende Materialien.

Bei einer sehr starken Überlastung, wie dieselbe bei Kurzschlüssen häufig auftritt, kann man die Wärmeabfuhr gegen die Wärmezufuhr vernachlässigen. Beträgt der Kurzschlußstrom J_k beispielsweise das Zehnfache des Grenzstromes, so ist die zugeführte Wärmeenergie 100 mal so groß als die abgeführte. Man kann daher die letztere vernachlässigen. Die Wärmebilanz lautet dann: Wärmezufuhr = Wärmeaufnahme, und es ergibt sich bei einer Anfangstemperatur t_a die Gleichung:

$$s = \frac{41\,600\,c_0}{\varrho_0\,\alpha}\left\{\beta\,(t-t_a) + \left(1 - \frac{\beta}{\alpha}\right)\log_{\text{nat}}\frac{1+\alpha t}{1+\alpha t_a}\right\}\frac{q^2}{J_k^2}, \quad (5$$

analog bei einer Anfangstemperatur gleich der Raumtemperatur t_0:

$$s = \frac{41\,600\,c_0}{\varrho_0\,\alpha}\left\{\beta\,(t-t_0) + \left(1 - \frac{\beta}{\alpha}\right)\log_{\text{nat}}\frac{1+\alpha t}{1+\alpha t_0}\right\}\frac{q^2}{J_k^2}.$$

In beiden Fällen ist die Schmelzzeit umgekehrt proportional dem Quadrat der Stromdichte, und die Konstante A in der Gleichung:

$$s = A\,\frac{q^2}{J_k^2}.$$

d. h. für eine Erwärmung von der Raumtemperatur t_0 aus bis zur Schmelztemperatur t_s beträgt für

Kupfer	676	$\cdot 10^{+6}$
Silber	498	$\cdot 10^{+6}$
Aluminium . . .	214	$\cdot 10^{+6}$
Zink	76	$\cdot 10^{+6}$
Blei	10,05	$\cdot 10^{+6}$
Zinn	24,4	$\cdot 10^{+6}$.

Die Kurve der Schmelzzeit als Funktion des Stromes schmiegt sich im Bereich sehr großer Ströme einer kubischen Kurve

$$s\,J_k{}^2 = \text{const.} = \Theta \quad \ldots \quad \ldots \quad \text{(5a}$$

an.

Zur Beurteilung der Kurzschlußverhältnisse dient der Ausdruck $s J_k{}^2$, da die Kurven $s J_k{}^2 = \text{const.}$ sich nicht schneiden.

Die Kurven $s J_k{}^2 = \Theta$ bilden vielmehr eine hyperbelähnliche Schar. Diese Kurven stellen die Abschmelzzeiten dar, welche sich ergeben würden, wenn die Wärmeabgabe verhindert würde.

Der Ausdruck Θ bedeutet daher die Zeit in Sekunden, in welcher der Einsatz bei konstanter Belastung mit 1 Amp. durchschmelzen würde, wenn eine Wärmeabgabe nicht stattfinden würde.

Es folgt hieraus, daß der Wert Θ als Maßstab für die Trägheit des betreffenden Einsatzes gelten kann. Der Wert Θ hängt nur vom Material und vom Querschnitt ab, er ist dagegen unabhängig von den Größen der Wärmeabgabe: Ventilation, Oberfläche, ideelle Länge, Sicherungskonstruktion.

Will man mehrere Schmelzeinsätze miteinander vergleichen, so sind hierfür die charakteristischen Grenzfälle des Schmelzstromes, d. h. des Grenzstromes und des Kurzschlusses (Trägheit), heranzuziehen. Wenn zwei Einsätze aus gleichem Material, und beide von unendlicher ideeller Länge, den gleichen Grenzstrom haben sollen, so ergibt sich aus der Formel

$$J_0 = \sqrt{\frac{41\,600\,(t_s - t_0)}{\varrho_0\,(1 + \alpha\,t_s)}} \cdot \sqrt{k\,q\,0,}$$

daß das Produkt von Drahtquerschnitt und Drahtumfang für beide dasselbe sein muß. Setzt man nun in der Gleichung

$$s = \frac{c_0\,q}{\dfrac{J^2\,\varrho_0\,\alpha}{41\,600\,q} - k\,0} \left\{ \beta\,(t - t_0) + \left(1 - \beta\,\frac{\dfrac{J^2\,\varrho_0}{41\,600\,q} + k\,0\,t_0}{\dfrac{J^2\,\varrho_0\,\alpha}{41\,600\,q} - k\,0} \right) \right.$$

$$\left. \log_{\text{nat}} \left(\frac{1 + \alpha\,t}{1 + \alpha\,t_0} - \frac{41\,600\,q\,k\,0\,(t - t_0)}{J^2\,\varrho_0\,(1 + \alpha\,t_0)} \right) \right\}$$

das Produkt $q\,0$ konstant, so ergibt sich

$$s = B\,q^2.$$

Ist also für einen Einsatz vom Grenzstrom J_0 bei der Belastung J die Schmelzzeit s_1 bekannt, so ist für einen zweiten Einsatz von demselben Material und mit demselben Grenzstrom, d. h. für

$$q_1\,0_1 = q_2\,0_2,$$

bei derselben Belastung J die Schmelzzeit

$$s_2 : s_1 = q_2{}^2 : q_1{}^2.$$

Es ist also, wenn mehrere Einsätze aus demselben Material für denselben Grenzstrom benutzt werden, der Gebrauch der komplizierten Formel nur auf eine einzige Rechnung beschränkt, während eine einfache Umrechnung für die ferneren Einsätze nach obiger Formel ermöglicht ist.

Wenn man aus den Versuchen die Ventilationskonstante für die verschiedenen Materialien verfolgt, so zeigt sich, daß innerhalb eines Materials der Wert k konstant ist, dagegen mit dem Material sich ändert. Man kann sich k in das Produkt von zwei Konstanten zerlegt denken, von denen die eine nur vom Material und den Oberflächeneigenschaften, wie Rauheit, abhängt, während die andere von den speziellen konstruktiven

Anordnungen und der Ventilation bedingt ist. Setzt man
die erste Konstante für Kupfer = 100%, so ist dieselbe für

Silber 54,7%
Aluminium 37,5%
Zink 20,6%
Blei . . . .   20 %
Zinn 24,7%
3 Sn + 2 Pb . . . . .   40,5%.

Ist die Konstante für Kupfer in einer beliebigen
Sicherung bestimmt, so ist beispielsweise für Blei die
Konstante in derselben Sicherung 20% des Wertes vom
Kupfer. Unter Berücksichtigung dieser Verhältniszahlen
der Ventilationskonstanten und der Formel

$$ J_0 = \sqrt{\frac{41\,600\,(t_e - t_0)}{\varrho_0\,(1 + \alpha\,t_e)}}\ \sqrt{q\,k\,0} $$

kann man für Einsätze von verschiedenem Material und
unendlicher idealler Länge, welche den gleichen Grenzstrom haben sollen, Verhältniszahlen aufstellen, welche
direkt das Verhältnis aus dem Produkt von Querschnitt
und Umfang eines Materials zu dem entsprechenden
Produkt des andern Materials geben, für runde Drähte
in analoger Weise das Verhältnis der Durchmesser.
Diese Verhältniszahlen sind in Tabelle IV aufgeführt.
Es ist zu bemerken, daß die Verhältniszahl für die Durchmesser gleich der dritten Wurzel der Verhältniszahl für
die Produkte aus Querschnitt und Umfang ist. Wenn
beispielsweise für einen gegebenen Grenzstrom ein Kupferdraht von 1 mm Durchmesser zu verwenden wäre, so
könnte man an dessen Stelle einen Bleidraht von
4,5 mm Durchmesser, einen Zinkdraht von 2,86 mm
Durchmesser, einen Aluminiumdraht von 1,755 mm
Durchmesser, einen Silberdraht von 1,212 mm Durchmesser usw. verwenden. Diese Drähte haben alle denselben Grenzstrom, sind dagegen nicht gleichwertig in

bezug auf die Schmelzzeit bei Kurzschluß. Im allgemeinen hat der dickere von diesen Drähten bei Kurzschluß die längere Schmelzzeit. Ist also für ein Material
der Grenzstrom gefunden, so erhält man einen Streifen
aus einem anderen Material für gleichen Grenzstrom
durch Benutzung der entsprechenden Verhältniszahl.

Wenn man die Ventilationskoeffizienten auf Kupfer (k_c)
bezieht und die Verhältniszahlen derselben für die verschiedenen Materialien k' in die Konstanten der Gleichung

$$J_0 = \sqrt{\frac{41\,600\,(t_s - t_0)\,k'}{\varrho_0\,(1 + \alpha\,t_s)}} \cdot \sqrt{k_c\,q\,0}$$

einbezieht, so ergibt sich für lange Einsätze die Größe
des Grenzstromes:

Kupfer	22 650	$\sqrt{k_c\,q\,0}$
Silber	17 000	»
Aluminium	9 750	»
Zink	4 760	»
Blei	2 360	»
Zinn	3 140	»
3 Sn + 2 Pb	3 070	»

Bei Kurzschluß ist im allgemeinen der auftretende
Strom unbekannt. Es genügt auch, mit dem Produkt
aus Zeit und Quadrat des Stromes zu rechnen, welches
im folgenden als Kurzschlußfaktor bezeichnet werden möge.
Dieser Kurzschlußfaktor ist, wie oben dargelegt, für

Kupfer . . .	676	$\cdot 10^{+6} \cdot q^2$
Silber	498	$\cdot 10^{+6} \cdot q^2$
Aluminium . .	214	$\cdot 10^{+6} \cdot q^2$
Zink	76	$\cdot 10^{+6} \cdot q^2$
Blei	10,05	$\cdot 10^{+6} \cdot q^2$
Zinn	24,4	$\cdot 10^{+6} \cdot q^2$

Wie man sieht, ist der Grenzstrom durch das Produkt aus Querschnitt mal Umfang, oder bei runden
Drähten durch die dritte Potenz des Durchmessers, der

Kurzschlußfaktor durch den Querschnitt, oder bei runden Drähten durch die zweite Potenz des Durchmessers festgelegt. Wenn Grenzstrom und Kurzschlußfaktor gegeben sind, so ist für jedes Material nur ein bestimmter Einsatz möglich, denn durch die beiden Gleichungen:

$$J_0 = a \sqrt{q\,0}$$
$$s\,J_k^2 = b\,q^2$$

sind sowohl Querschnitt als Umfang bestimmt. Es ist:

$$0 = \frac{J_0^2}{a^2\,J_k} \sqrt{\frac{b}{s}}$$

$$q = J_k \sqrt{\frac{s}{b}}.$$

Wenn aus diesen Formeln der Querschnitt q größer als $\frac{0^2}{4\,\pi}$ sich ergibt, so ist ein Einsatz aus dem betreffenden Material unmöglich, da ein Querschnitt welcher größer ist als derjenige eines Kreises bei gegebenem Umfang nicht existiert.

Verschiedene Einsätze mit gleichem Grenzstrom werden im allgemeinen bei gleichem Strom in verschiedenen Zeiten abschmelzen. Es wird daher möglich sein, beispielsweise für eine Überschreitung des Grenzstromes um 30 % Einsätze herzustellen, welche in 10 oder 20 oder 100 Sekunden durchschmelzen, und es ist hierdurch die Möglichkeit gegeben, die Regulierung der Überlastung des betreffenden Stromkreises durch einfache Auswahl des betreffenden Schmelzeinsatzes zu erzielen.

Damit die Schmelzkurven zweier Einsätze sich schneiden, ist erforderlich, daß

$$J_{01} > J_{02}$$

und

$$\Theta_1 < \Theta_2;$$

bei niedriger Belastung schmilzt dann zuerst Einsatz 2 und bei hoher Belastung Einsatz 1.

Vorversuche und Konstanten.

Es wurden systematische Versuche mit der in Fig. 6 dargestellten Patronensicherung, Type PN 130, Mod. 1905 der Dr. Paul Meyer A.-G., und zwar mit sieben verschiedenen Materialien, angestellt. Die Patrone besteht aus einem Porzellanrohr mit Asbestauskleidung und zwei eingekitteten Einsatzstöpseln, welche zur Sicherung der Lage des Einsatzes dienen. Die Anschlußstücke sind mittels einer Schelle am Ende der Patrone festgeklemmt. Um möglichst große Verschiedenheiten in den Schmelztemperaturen zu erreichen, wurden für die Einsätze Blei,

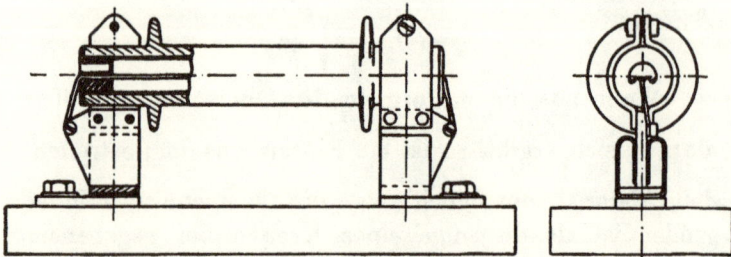

Fig. 6.

Zink, Aluminium, Kupfer, Silber, Zinn und eine Legierung von 60% Zinn und 40% Blei (von der Firma Händler & Natermann) verwendet, und zwar im allgemeinen in Form runder Drähte. Um jedoch den Einfluß der Querschnittsform auszuprobieren, wurden auch rechteckige Streifen aus Aluminiumblech sowie ein ovaler Aluminiumdraht verwendet.

Da man in der Praxis meist nicht gewöhnliche sondern versilberte Kupferdrähte benutzt, um die Oxydation bei höheren Temperaturen zu vermeiden, so wurden auch einige Versuche mit versilberten Kupferdrähten angestellt. Es zeigte sich kein nennenswerter Unterschied gegen gewöhnliche Kupferdrähte.

Die Konstanten für die spezifische Wärme c_0 und β wurden den Daten von Everett (vgl. Taschenbuch der

Hütte 1896, S. 298) entnommen, mußten aber etwas um-
gerechnet werden, da die Wärmemenge auf 1 ccm bezogen
ist, während a. a. O. die Gewichtseinheit zugrunde gelegt ist.

Die Schmelztemperaturen wurden nach bekannten
Messungen eingesetzt. Die Raumtemperatur wurde der
Einfachheit halber durchweg mit 15⁰ C angenommen, da
die geringfügigen Abweichungen nicht ins Gewicht fallen.

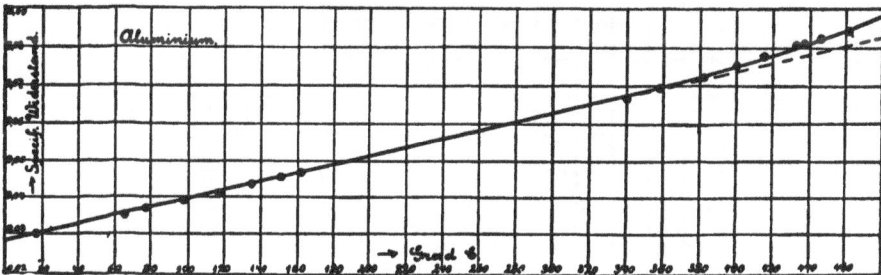

Fig. 7.

Für den spezifischen Widerstand und seinen Tem-
peraturkoeffizienten wurden für Aluminium, Zink, Blei,
Zinn und die Zinn- und Bleilegierung spezielle Versuche
angestellt, deren Ergebnisse in der Tabelle I in Zahlen-

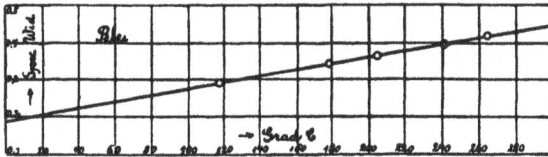

Fig. 8.

werten und in Fig. 7—10 graphisch dargestellt sind.
Die Werte weichen teilweise nicht unerheblich von den
Angaben der Literatur ab, was sich wohl durch Bei-
mischungen und Verunreinigungen in den käuflichen
Materialien erklären läßt. Für Kupfer, welches infolge
seiner elektrolytischen Herstellung als genügend rein
angesehen wurde, und für Silber wurden Messungen
nicht veranstaltet. Die Ermittelung des Widerstands-

koeffizienten erfolgte bis zu einer Temperatur von 160⁰ C
in einem Bad von Maschinenöl, weiter bis 280⁰ in einem
Bad von Leinöl und über 320⁰ C in geschmolzenem
Salpeter. Der Widerstand wurde durch Strom- und

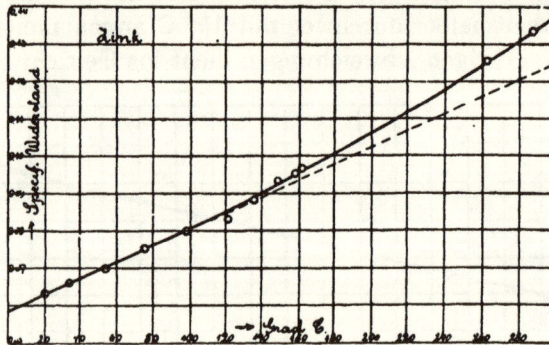

Fig. 9.

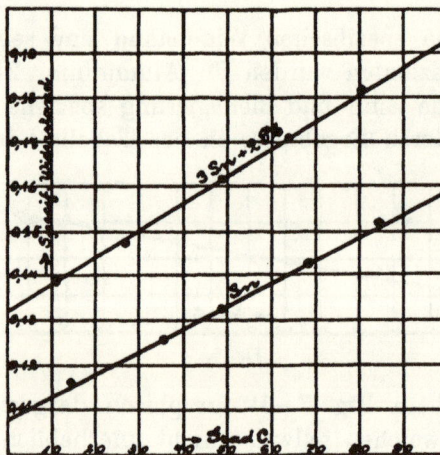

Fig. 10.

Spannungsmessung ermittelt und hierbei der Strom durch
ein vorher mit dem Kompensationsapparat geeichtes
Präzisionsamperemeter und die Spannung direkt mit
dem Kompensationsapparat gemessen.

In Tabelle II sind die benutzten Materialkonstanten
der sieben in Frage kommenden Materialien zusammen-
gestellt und für fernere Benutzung einige in den Rech-
nungen häufig vorkommende zusammengesetzte Konstanten hinzugefügt.

Schmelzversuche.

Bei den Abschmelzversuchen wurde stets zu Anfang
ein Einsatz von dem betreffenden Material im Laufe
von einigen Minuten durchgeschmolzen, um die Patrone
anzuwärmen und den praktischen Verhältnissen möglichst
nahe zu kommen.

Die Belastung erfolgte mittels verschiedener Eich-
batterien von 2 Volt und zweier Ladedynamos von 3 Volt.

Die Verwendung höherer Spannung verbot sich
leider durch den großen Energieverbrauch und durch
den Mangel an geeigneten feinstufigen Regulierwider-
ständen. Infolge der niedrigen Spannung ergab sich
insofern eine Schwierigkeit, als der Widerstand der
Sicherung meist ein Vielfaches der Vorschaltwiderstände
betrug. Da mit der Erwärmung der Widerstand der
Sicherung zunahm, mußte der Vorschaltwiderstand entsprechend verkleinert werden. Hierbei traten Schwan-
kungen der Stromstärke auf, welche zwar prozentual
nicht sehr erheblich, aber doch in vielen Fällen sehr
störend waren. Besonders machte sich dies bei denjenigen Werten bemerkbar, welche verhältnismäßig
niedrigem Strom und hoher Zeit entsprechen, also in
der Nähe des Grenzstromes liegen, weil hier eine ganz
geringfügige Erhöhung der Temperatur schon zum Durchschmelzen führen kann.

Es sind demnach geringfügige Abweichungen der
Stromstärke oder, was dasselbe sagen will, wesentliche
Abweichungen in der Zeit in denjenigen Teilen der Versuchskurven möglich, in denen die Stromstärke sich mit
der Zeit sehr wenig verändert.

Andererseits ist eine gewisse Abweichung in den Zeit-
angaben bei kurzzeitigen Versuchen kaum zu vermeiden,
da der Eintritt des labilen Zustandes, d. h. die Erreichung
der Schmelztemperatur, sich nicht scharf beobachten
läßt. Bei ganz kurzzeitigen Versuchen von etwa 8 bis
10 Sekunden kann der Fehler immerhin 10—20% betragen.

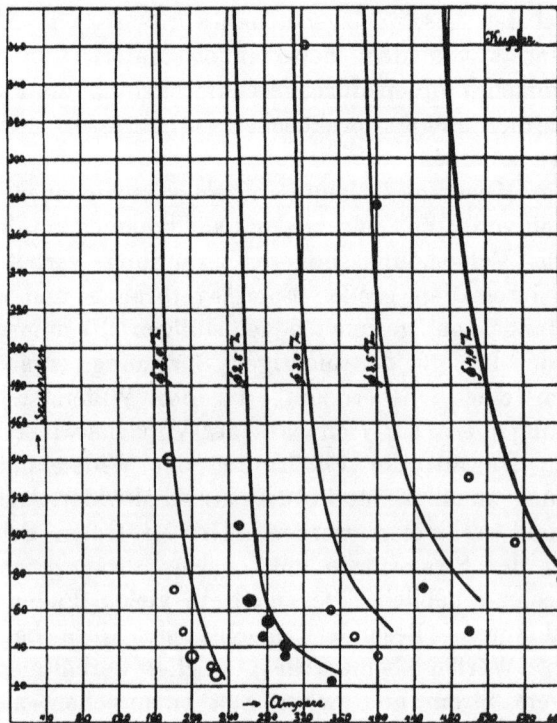

Fig. 11.

Aus den Versuchswerten für jedes Metall wurde
der mittlere Wert des Ventilationskoeffizienten k ermittelt und mit diesem Koeffizienten die Kurven nach
Gleichung 2 c berechnet.

Eine Übersicht über die Versuche geben die Ta-
bellen III und die Fig. 11—17.

In den Figuren sind die ausgezogenen Linien die berechneten Abschmelzkurven, wobei für k folgende Werte eingesetzt sind:

Kupfer 0,00267
Silber 0,00146
Aluminium 0,00100
Zink 0,00055

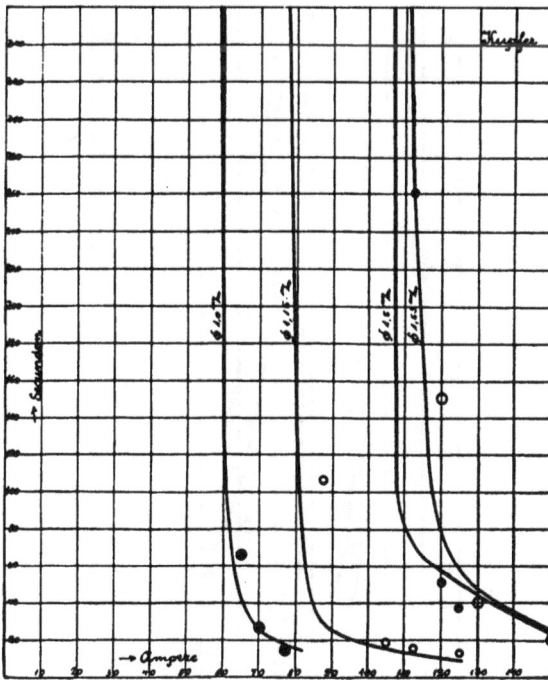

Fig. 12.

Blei 0,000535
Zinn 0,00066
3 Sn + 2 Pb . . . . . 0,00108.

Die markierten Punkte entsprechen den Resultaten der Versuche. In Fig. 11 und 12 geben die kleineren Kreise die Meßresultate für gewöhnliche, die größeren für versilberte Kupferdrähte.

4*

Wie man aus den Schaubildern ersieht, ist die
Übereinstimmung in Anbetracht der Ungenauigkeit der
Versuche ganz befriedigend und berechtigt dazu, die
oben abgeleiteten Formeln als hinreichend genau zu
betrachten.

Zu den Messungen und Kurven für stärkere Kupferdrähte (Fig. 11) ist zu bemerken, daß die Messungen in

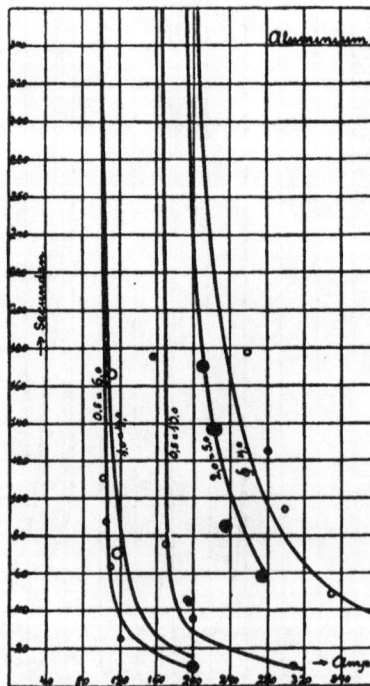

Fig. 13.

der Nähe des Grenzstromes mit den Kurven gut stimmen,
während die Messungen mit höheren Stromstärken zu
niedrige Zeiten ergeben; die Fehler sind bei dicken
Drähten größer. Es rührt dies daher, daß zunächst die
Grenzströme ausprobiert wurden. Hierbei wurde die
Patrone infolge der hohen Schmelztemperatur des Kupfers
sehr heiß, und zwar um so heißer, je größer die Wärme-

kapazität des Einsatzes, d. h. sein Durchmesser, wurde.
Infolgedessen wurden die neu eingezogenen Einsätze
schon vor der Einschaltung erwärmt und mußten daher
schneller durchschmelzen; diese anfängliche Erwärmung
war um so wesentlicher, als das Einziehen der Drähte
in die heißen Patronen umständlich und langwierig war.
Für die Bestimmung des Grenzstromes spielt dagegen

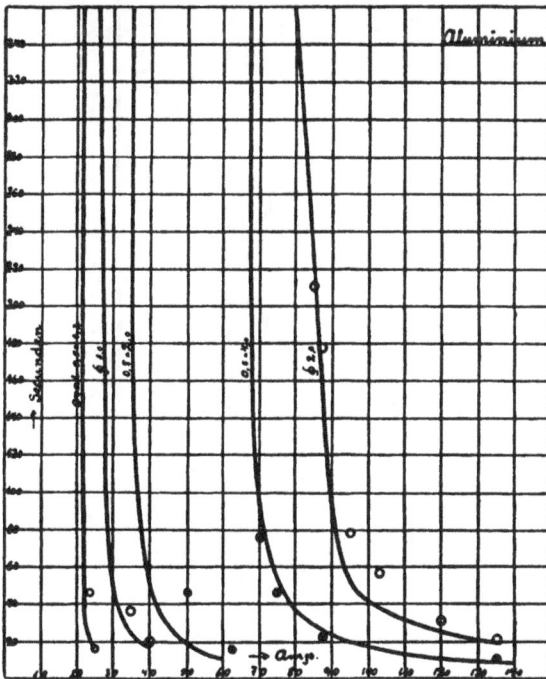

Fig. 14.

die Anfangstemperatur keine Rolle, daher weichen die
Werte in der Nähe des Grenzstromes nicht allzu stark ab.

Von größter Wichtigkeit ist die Grenzstromstärke.
Sie ist im allgemeinen schwer zu beobachten, da man
am Verhalten des Amperemeters nur sieht, ob die Temperatur steigt oder konstant ist, dagegen die Höhe der
Temperatur nicht beobachten kann. Besonders günstig

liegen hierfür die Verhältnisse beim Kupfer, da man an der Glutfarbe und an dem mehr oder minder schwammigen Aussehen bei einiger Übung die Nähe der Schmelztemperatur ganz gut erkennen kann.

In Fig. 18 ist die Grenzstromstärke für Kupferdrähte von 1—4 mm Durchmesser als Funktion des

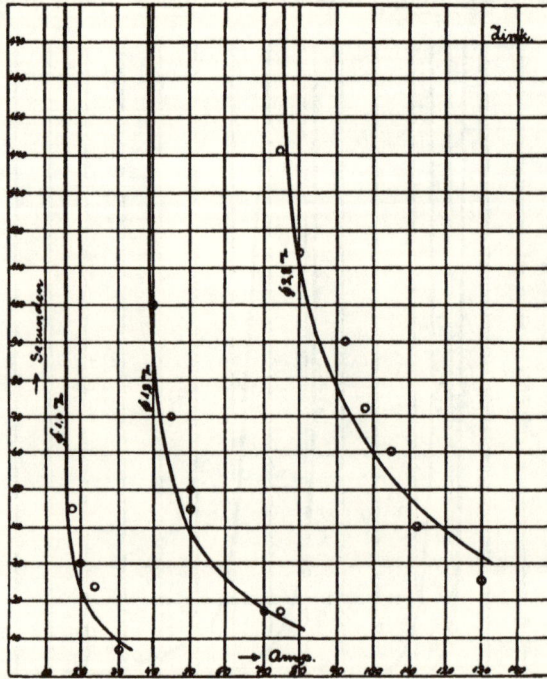

Fig. 15.

Durchmessers aufgetragen. Nach der Gleichung 3a ist der Grenzstrom proportional der 1,5^{ten} Potenz des Durchmessers. Die Kurve entspricht dieser Beziehung sehr gut.

Aus den Versuchskurven ergibt sich, daß man für jedes Material k als Konstante betrachten kann.

Eine Abweichung von der Konstanz des Koeffizienten k für dasselbe Material findet sich bei den rechteckigen Aluminiumstreifen, und zwar wird k kleiner,

wenn der Streifen breiter wird. Es läßt sich dies dadurch erklären, daß die breiten Streifen die Luftzirku-
lation innerhalb der Patrone stark behindern und in dem
Raume, welcher vom Streifen, der Wandung der Patrone
und den beiden Endstöpseln gebildet wird, ein stehendes
Luftkissen verursachen.

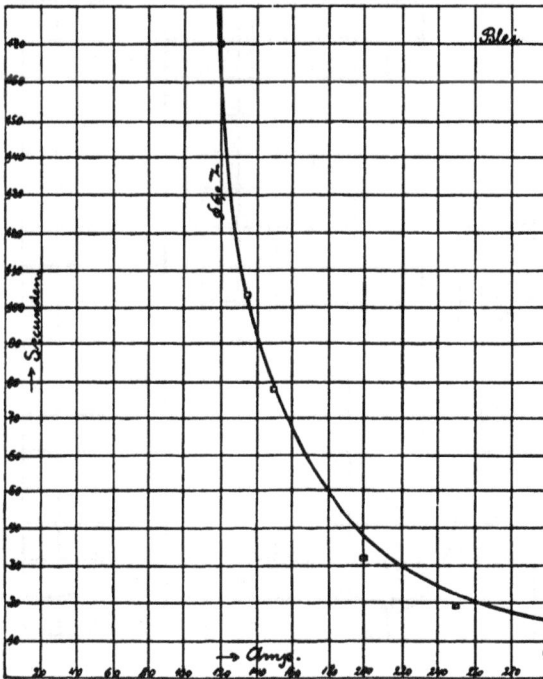

Fig. 16.

Für andere Ventilationsverhältnisse als für die hier
beschriebenen ändern sich die Ventilationskonstanten der
verschiedenen Materialien gleichmäßig, so daß das Verhältnis der Konstanten für zwei Materialien unter allen
Umständen dasselbe bleibt, vorausgesetzt daß beide stets
unter den gleichen Umständen benutzt werden.

Für Bleidrähte, welche in einer Entfernung von
6 mm von einer Schieferplatte senkrecht und frei ohne

Schutzkasten und Umhüllung angebracht waren, betrug $k = 0{,}00105$. Unter den gleichen Umständen würde für Kupferdrähte dann $k = 0{,}00105 \times \dfrac{0{,}002670}{0{,}000535} = 0{,}00525$ zu rechnen sein.

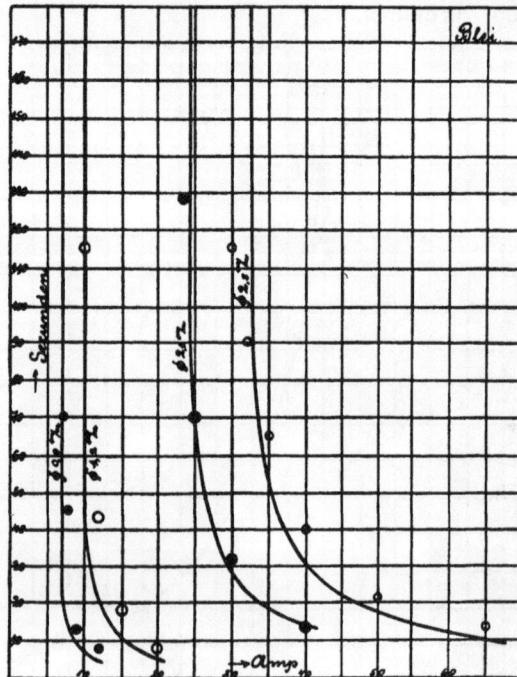

Fig. 17.

Eine auffällige Erscheinung, welche zunächst der Erklärung Schwierigkeiten in den Weg legte, ergab sich bei Untersuchung der Sicherung mit sehr dünnen Drähten. Dieselben wurden ebenso lang ausgespannt wie die dicken Drähte, und nach den Versuchen von Feldmann ließ sich annehmen, daß auch hier der Ventilationskoeffizient derselbe sein würde wie bei dickeren Drähten. Bei den Versuchen ergab sich aber, daß bei Drahtstärken unter 1,5 mm der nach der Formel

$$K = \frac{4\,\varrho_0\,(1 + \alpha\,t_s)}{\pi^2 \cdot 41\,600\,(t_s - t_0)} \cdot \frac{J_0{}^2}{d^3}$$

berechnete Ventilationskoeffizient wesentlich stieg und unterhalb einer gewissen Drahtstärke wieder eine sinkende Tendenz zeigte (Fig. 19 und 20). Die Erklärung dieser auffälligen Erscheinung liegt darin, daß, wenn die Drähte sehr dünn werden, die Kapazität der Klemmen, ver-glichen mit der Kapazität der Drähte selbst, verhältnismäßig sehr groß wird, und daß daher mit sinkendem Durch-messer auch die ideelle Länge L sich reduziert. Das Minimum derselben ist derjenige Wert, welcher der wirklichen freien Drahtlänge entspricht. Die-selbe war im vorliegenden Falle 16 cm. Wenn der Durchmesser noch mehr abnimmt, so bleibt diese ideelle Länge konstant.

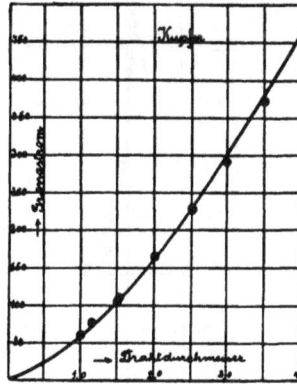

Fig. 18.

Berücksichtigt man diese Veränderlichkeit der ideellen Länge, so findet man, daß der berechnete Wert

$$\frac{k\,0 + \dfrac{16\,q\,\lambda}{L^2}}{0}$$

war. Da mit abnehmendem Durchmesser bei konstantem Wert L das Glied $\dfrac{16\,q\,\lambda}{L^2}$ quadratisch und das Glied $k\,0$ linear abnimmt, so verläuft die Linie

$$x = \frac{k\,0 + \dfrac{16\,q\,\lambda}{L^2}}{0} = k + \frac{4\,d\,\lambda}{L^2}$$

bei ganz kleinen Durchmessern geradlinig und schneidet die Ordinatenachse bei dem Werte $x = k$. Für einen

sinkenden Durchmesser zeigen die gemessenen Punkte
unterhalb eines gewissen, vom Material abhängigen Durchmessers deutlich eine Tendenz des Wertes x zum Sinken.

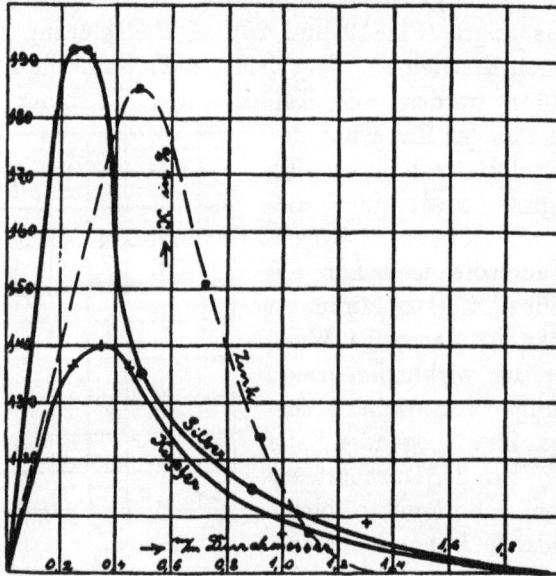

Fig. 19.

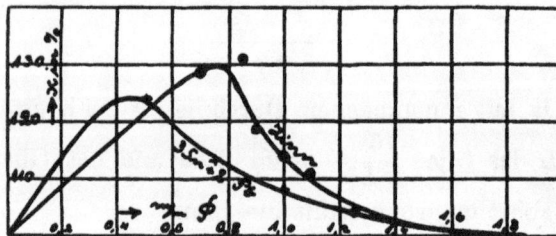

Fig. 20.

Aus den geradlinigen Anfangsteilen der Kurve, welche
in der Figur eingetragen sind, kann man die minimale
ideelle Länge L, welche den Versuchen entsprach, berechnen. Sie ergibt sich für

Kupfer zu . . . . .   8,4 cm
Silber zu . . . . . .   8,5 cm
Zink zu . . . . . .   8,8 cm
Zinn zu . . . . . .   14,5 cm
3 Sn + 2 Pb . . . .   8,1 cm.

Bei dem Wert für Zinn ist noch zu berücksichtigen, daß, wenn man die Messung für den Draht mit 0,85 mm, welche aus der Kurve herausfällt, vernachlässigt, die Anfangstangente augenscheinlich höher liegt, und demnach auch der Wert L, welcher sich aus ihr berechnen läßt, kleiner wird, so daß eine ziemlich gute Übereinstimmung der Werte mit 8—9 cm vorzuliegen scheint. Der wirkliche Wert ist, wie oben auseinandergesetzt, 16 cm. Die Abweichung kann in den immerhin recht zahlreichen Fehlerquellen gesucht werden. Es ist aber auch andererseits möglich, daß die eingangs gemachte Voraussetzung, die Verteilung der ideellen Temperatur über den ideellen Einsatz sei eine Parabel, der Wirklichkeit nicht ganz entspricht. Immerhin ist der aus den Versuchen berechnete Wert nach der Größenordnung der nach der Annahme der Parabel erhaltene Wert, so daß es zulässig erscheint, die Annahme der Parabel für das Folgende aufrecht zu erhalten. Zur Vereinfachung der Rechnung empfiehlt es sich, bei dünnen Drähten nicht mit der variablen ideellen Länge zu rechnen, sondern nach den Kurven der Fig. 19 und 20 zum Werte k einen Zuschlag zu machen. Da man in der Praxis auf Drähte unter 0,4 mm nicht herabgeht, so dürften die Abweichungen bei verschiedenen Sicherungen nicht groß sein und die Kurven, welche sich nur auf einen Spezialfall beziehen, ziemlich allgemein anwendbar sein.

Es wird hierdurch die Rechnung wesentlich vereinfacht.

II. Sicherungs-Kombinationen.

Hintereinanderschaltung mehrerer Sicherungen.

Werden mehrere Sicherungen hintereinandergeschaltet, so kann im allgemeinen nur eine derselben durchschmelzen, da hierdurch der Strom unterbrochen wird und die übrigen Sicherungen nicht weiter erwärmt werden. Unter Umständen ist es aber möglich, daß mehrere Sicherungen, welche hintereinandergeschaltet sind, bei derselben Stromstärke in derselben Zeit ihren Schmelzpunkt erreichen. Diese Fälle sind indes verhältnismäßig selten.

Es bietet ein praktisches Interesse, die Abschmelzverhältnisse hintereinandergeschalteter Sicherungen zu vergleichen, da in jeder komplizierteren Anlage Sicherungen hintereinandergeschaltet sind, und da es im allgemeinen vom betriebstechnischen Standpunkte aus wünschenswert ist, daß dieselben in einer bestimmten Reihenfolge abschmelzen. Wenn beispielsweise in einem Verteilungsnetz in einem Endzweig ein Kurzschluß stattfindet, so soll durch Durchschmelzen der Sicherung des betreffenden Endes nur dieses Leitungsende abgetrennt werden, während es nicht wünschenswert ist, daß eine weiter gegen die Zentrale zu gelegene Sicherung, beispielsweise die Sicherung einer Steigeleitung, bei einem

lokalen Kurzschluß durchschmilzt und ein größeres Gebiet stromlos macht, als unbedingt erforderlich ist. In
gewöhnlichen Fällen wird die Bedingung sein, daß zunächst die am weitesten von der Zentrale entfernte
Sicherung abschmilzt, und daß die Sicherungen, je näher
sie nach der Zentrale zu liegen, um so später ihren
Schmelzpunkt erreichen. Nun haben sich in der Praxis
häufig Fälle herausgestellt, wo Unzuträglichkeiten dadurch
entstanden, daß die Sicherungen nicht in der richtigen
Reihenfolge ansprachen, obwohl sie vom Endpunkt des
Netzes zur Zentrale hin mit steigender Kapazität an-
geordnet waren. Nach den Normalien des Verbandes
wird die Kapazität einer Sicherung bestimmt durch einen
Strom, welcher das Durchschmelzen der Sicherung in
2 Minuten bewirkt. Da dieser Strom nicht viel größer
sein kann als der Grenzstrom der betreffenden Sicherung,
so kann man sagen, daß unter heutigen Verhältnissen
die Sicherungen nach dem Grenzstrom ungefähr normiert
werden, und daß demnach, wenn in einem verzweigten
Netz ein Endstück für 20 Amp., der davorliegende
größere Teil für 40 Amp. gesichert ist, diese Sicherungen
bei Grenzstrom in der richtigen Reihenfolge funktionieren
müssen, d. h. daß bei einer Überlastung am Ende des
Netzes die Sicherung für 20 Amp. durchschmilzt, ehe
die Sicherung für 40 Amp. ihren Schmelzpunkt erreicht hat.

Die Sache liegt aber wesentlich anders, wenn man
die Verhältnisse betrachtet, wie sie bei einem Kurzschluß liegen. Da unter diesen Umständen die Wärmeableitung keine Rolle spielt, sondern die Wärmeerzeugung
durch eine Temperaturerhöhung ausgeglichen werden
muß, so spielt die Oberfläche des Leiters keine Rolle
mehr. Dagegen ist seine Masse um so wichtiger. Andererseits spielt für den Grenzstrom die Masse gegenüber
den Abkühlungsverhältnissen eine untergeordnete Rolle.
Wir besitzen nun für die Kurzschlußverhältnisse eine

charakteristische Größe in dem Kurzschlußfaktor, d. h.
dem Produkt aus Schmelzzeit und Quadrat des Kurz-
schlußstromes. Nehmen wir an, daß wir eine Sicherung
an der Konsumstelle, eine Speiseleitungssicherung und
eine Sicherung in der Zentrale haben, so werden im
allgemeinen die Speiseleitungssicherung und die Zentralen-
sicherung für größere Ströme bemessen sein als die
Sicherung der Konsumstelle. Findet nun ein Kurzschluß
an der Konsumstelle statt, und ist der Betriebsstrom,
welcher den Speiseleitungssicherungen von anderen Kon-
sumstellen zufließt, gegenüber dem Kurzschlußstrom der
betrachteten Konsumstelle zu vernachlässigen, so würden
die drei Sicherungen von demselben Kurzschlußstrom
durchflossen sein. Demnach wäre die Bedingung dafür,
daß eine Sicherung später als die andere durchschmilzt,
daß der Kurzschlußfaktor für diese Sicherung größer
wird als für die andere. Ist z. B. der Konsument für
8 Amp. Grenzstrom mit einem Bleidraht von 1,2 mm
und die Speiseleitung für 20 Amp. Grenzstrom mit einem
Silberblech von 0,05 × 2 mm gesichert, so würde bei
einem Kurzschluß von 100 Amp. die Sicherung am
Speisepunkte in 0,05 Sekunden durchgehen, während die
Bleisicherung intakt bleiben würde, da sie bei einem
Strome von 100 Amp. erst nach 0,128 Sekunden durchschmelzen könnte. Nimmt man jedoch für die Speiseleitung einen Einsatz von Silberblech 0,15 × 1,1 mm,
welcher ebenfalls 20 Amp. Grenzstrom besitzt, so schmilzt
zuerst die Bleisicherung, und zwar nach 0,128 Sekunden,
während die Silbersicherung unberührt bleibt, da sie
zum Schmelzen 0,136 Sekunden brauchen würde. Für
den Bleidraht vom Durchmesser 1,2 ist der Kurzschlußfaktor $s\,J_k{}^2 = 1280$, für Silberblech 0,15 × 1,1 ist der
Kurzschlußfaktor $s\,J_k{}^2 = 1360$.

Es ist also dafür zu sorgen, daß der Kurzschlußfaktor vom Ende eines Verteilungsnetzes gegen die Zentrale steigt. Da nun aber für die Speiseleitungssicherung

zu dem Kurzschlußstrom eines Konsumenten im Betrage
von 100 Amp. der Betriebsstrom der anderen Konsumenten von höchstens ca. 12 Amp. hinzukommt, so
muß man den Kurzschlußfaktor mehr steigern, als den
obigen Auseinandersetzungen entspricht. Es würde also
bei Verwendung des Silberbleches von $0,15 \times 1,1$ mm
die Reihenfolge des Durchschmelzens nicht genügend
gesichert sein. Das Ansteigen des Kurzschlußfaktors
muß um so stärker erfolgen, je schneller die Kapazität
der Sicherungen gegen die Zentrale hin wächst. Wenn
wir also die Bedingungen für die Serienschaltung zweier
Sicherungen zusammenfassen, so ist es erforderlich, damit die zweite Sicherung nicht bis zum Schmelzpunkt
erwärmt wird, daß erstens ihr Kurzschlußfaktor und
zweitens ihr Grenzstrom größer ist als die entsprechenden Größen der ersten Sicherung.

Da das Durchschmelzen der Sicherung 1 jedoch
nicht momentan erfolgt, sondern für eine gewisse Zeit
ein Lichtbogen stehen bleibt, so ist dafür zu sorgen,
daß während dieser kurzen Zeit die Sicherung 2 sich
nicht ebenfalls bis zum Schmelzpunkt erwärmt, da
andernfalls beide Sicherungen durchschmelzen. Es muß
also die Verschiedenheit der Grenzströme und Kurzschlußfaktoren so groß gewählt werden, daß der Lichtbogen der Sicherung 1 erloschen ist, ehe Sicherung 2
zu schmelzen beginnt.

Die Nichtbeachtung dieser Regeln hat in manchen
Fällen Störungen im Betriebe hervorgerufen. Es ist in
Hochspannungsnetzen beispielsweise vorgekommen, daß
bei einem Kurzschluß an einer untergeordneten Konsumstelle die Sicherung des Generators durchschmolz und
das ganze Netz stromlos wurde. Derartige Vorkomm-
nisse tragen natürlich dazu bei, ein Vorurteil gegen die
Sicherungen hervorzurufen, welches nicht ohne weiteres
gerechtfertigt erscheint. Einen ähnlichen Fall hatte der
Verfasser zu beobachten Gelegenheit: Bei einer Experi-

mentierschalttafel wurden als Sicherung dünne Bleidrähte verwendet. Da diese Bleidrähte verschiedene Male durchschmolzen, benutzte ein Monteur etwas stärkere Bleidrähte, welche einen Grenzstrom von ca. 10 Amp. in der betreffenden Sicherung besaßen. Es erfolgte wieder ein Kurzschluß; aber diesmal ging nicht die Sicherung durch, sondern der Shunt eines Amperemeters, welcher für 10 Amp. Normalstrom bemessen war, verbrannte. Das Amperemeter wurde infolge seiner großen Selbstinduktion nicht beschädigt und besaß einen genügenden Widerstand, um den Strom sofort auf einen unschädlichen Wert herunterzudrücken. Dieser Vorfall ist darauf zurückzuführen, daß der Shunt aus sehr dünnem, breitem Blech angefertigt war und mit Rücksicht auf Erwärmung so dimensioniert war, daß er 10 Amp. dauernd ohne allzugroße Erwärmung vertragen konnte. Dem Kurzschlußstrom war er jedoch nicht gewachsen, da eine Wärmeabfuhr bei der großen Zunahme der Stromwärme nicht mehr möglich war. Dieser dünne Streifen aus Nickelinblech erreichte schneller seinen Schmelzpunkt als der vorgeschaltete, verhältnismäßig massive und träge Bleidraht.

Werden mehrere Sicherungen in Serie geschaltet und mit demselben Strom unter Kurzschluß belastet, so schmelzen sie sämtlich ab, wenn (vgl. S. 37)

$$s\, J_k{}^2 = A_1\, q_1{}^2 = A_2\, q_2{}^2 = \ldots.$$

Es ist also hierfür erforderlich, daß

$$q_1 : q_2 = \sqrt{A_2} : \sqrt{A_1}.$$

Zinn- und Kupferdrähte schmelzen gleichzeitig, wenn das Verhältnis der Durchmesser 2,29 : 1 ist; Blei und Kupfer bei einem Verhältnis 2,86 : 1; Zink und Kupfer bei einem Verhältnis 1,725 : 1. Wird das Verhältnis kleiner, so schmilzt der erstere Draht, und umgekehrt schmilzt der Kupferdraht, wenn das Verhältnis größer wird.

Versuche hierüber ergaben:

Verhältnis

Sn φ 1,1 Cu φ 0,45 2,45 Es schmolz Sn

Pb φ 1,2 Cu φ 0,45 2,67 Es schmolz einmal Pb, ein
anderes Mal Cu

Zn φ 0,72 Cu φ 0,45 1,6 Es schmolz Zn, das Cu
wurde glühend

Zn φ 0,92 Cu φ 0,45 2,04 Es schmolz Cu

Zn φ 1,10 Cu φ 0,65 1,695 Es schmolz Zn, das Cu
wurde hellglühend.

Parallelschaltung gleicher Einsätze.

Wenn zwei gleiche Einsätze parallel geschaltet werden
und die Zuleitungswiderstände beiderseits gleich sind,
so verteilt sich der Strom gleichmäßig auf beide Einsätze. Man kann sich beide durch einen einzigen Einsatz von doppeltem Querschnitt und doppeltem Umfang
ersetzt denken und die im Vorhergehenden aufgeführten
Formeln anwenden. Es ist aber hierbei zu berücksichtigen, daß bei entsprechender Lage der Einsätze sie
sich gegenseitig heizen, mithin die Wärmeabfuhr und
den Koeffizienten k verringern.

Der Koeffizient k hängt bei runden Drähten von
der gegenseitigen Entfernung und der Stellung gegen
feste Wandflächen (Grundplatte, Schutzkasten, Patrone)
ab; bei flachen Streifen übt die Orientierung der Breitseiten einen nennenswerten Einfluß aus. Sind unter
gleichen Verhältnissen die Breitseiten einander parallel
und so gelegen, daß sie ein Rechteck bilden, so ist k
kleiner, als wenn sie ein stark verschobenes schiefes
Parallelogramm bilden.

Die in den Einsätzen fließenden gleichgerichteten
Ströme üben eine anziehende Wirkung aufeinander aus,
und da bei Erwärmung die Streifen sich verlängern und
krümmen, so nähern sich die Mitten. Unter Umständen,
besonders bei sehr dünnen, hochbelasteten Einsätzen

(Kupfer) findet eine Berührung der Mitten statt. In diesem Falle verringert sich die Ventilation bei steigender Erwärmung, und die Einsätze schmelzen schneller durch als bei konstantem k zu erwarten wäre. Die Bedingung, daß die Zuleitungswiderstände beider Einsätze gleich sein sollen, läßt sich bei Lötverbindungen und Schraubenverbindungen unter Anwendung der erforderlichen Sorgfalt erfüllen. In ersterem Falle sind die Einsätze beiderseits in dieselben Polschuhe einzulöten, im zweiten Falle durch fest angezogene Verschraubungen an dieselben Polschuhe oder Klemmen anzuschließen. Dagegen läßt sich bei Anschlüssen mit elastischer Druckwirkung (Federn und Bürsten) ein gleichmäßiger Übergangswiderstand nicht erzielen.

Wenn man zwei Patronensicherungen parallel schaltet, so verteilt sich im allgemeinen der Strom ungleichmäßig, und es kann z. B. auf einen Einsatz 75%, auf den zweiten 25% des Gesamtstromes entfallen. Dann ist der erstere Einsatz für sich um 50% überlastet, obwohl die ganze Sicherung nicht überlastet ist. Der erste Einsatz wird also durchschmelzen, und der zweite hat dann den ganzen Strom zu übertragen und geht auch durch. Es ist also unzulässig, zwei Patronen parallel zu schalten, während in einer Patrone zwei Streifen parallel verwendet werden können.

In einer westfälischen Zeche sind Hochspannungssicherungen eingebaut, welche für 200 Amp. Betriebsstrom verwendet werden und aus zwei parallel geschalteten Patronensicherungen für je 100 Amp. bestehen. Dieselben werden alle acht Tage abgeschaltet, und die Kontakte müssen alle acht Tage gereinigt werden, weil die Stromverteilung sich durch Änderung der Kontakte stets ändert und bei längerer Einschaltung ein Durchschmelzen der Sicherung selbst bei normalem Strome zur Folge hat.

Analoge Betrachtungen gelten für drei oder mehr parallel geschaltete Einsätze, vorausgesetzt daß alle unter

gleichen Verhältnissen arbeiten. Für mehrere in einer
Reihe befindliche Einsätze gilt dies aber nicht, da die
mittleren beiderseitig, die äußeren nur einseitig bestrahlt
und geheizt werden.

Im folgenden mögen Versuche beschrieben werden,
welche in einer Patrone der Dr. Paul Meyer A.-G. ausgeführt wurden:

Eine Ansicht der Patrone und der verwendeten
Schmelzstreifen gibt Fig. 21. Es wurden stets zwei
gleiche, aus Blech gestanzte Streifen der gezeichneten
Form in Parallelschaltung verwendet. Dieselben wurden
über die hierfür vorgesehenen Flächen der Einsatzstöpsel

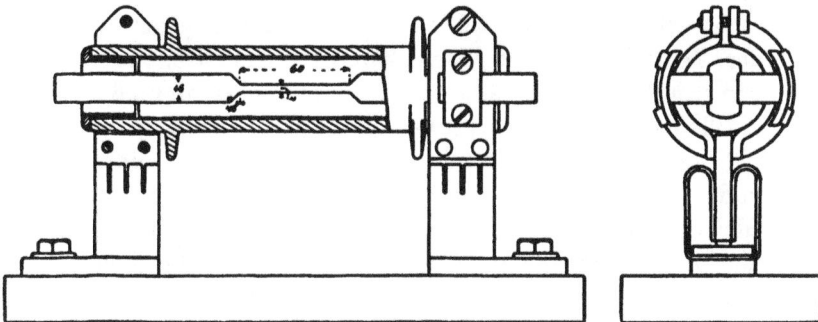

Fig. 21.

gezogen und an der Schelle, welche das Porzellanrohr
mit den Anschlußteilen verbindet, festgeklemmt.

Für die Versuche wurden Streifen aus Kupfer, Aluminium und Zink in den Blechstärken von 0,5, 1,0, 1,5,
2,0 mm ausgestanzt. Aus Gründen des Preises und der
Zeitersparnis wurde mit jedem der 12 Doppeleinsätze
nur ein Versuch gemacht, und zwar wurde so genau
als möglich die Grenzstromstärke ermittelt.

Es wurde zunächst eine durch eine Überschlags-
rechnung bestimmte Stromstärke konstant gehalten, bis
das Amperemeter, ein Präzisionsinstrument mit parallak-
tischer Spiegelablesung, keine sinkende Tendenz mehr

zeigte, und mithin Widerstand und Temperatur konstant geworden waren. Dann wurde die Belastung in kleinen Stufen gesteigert und jedesmal der annähernde Beharrungszustand abgewartet. Derjenige Wert, bei welchem der Einsatz durchschmolz, liegt dann etwas über der Grenzstromstärke, der vorher eingestellte unter derselben. Je nach der Zeit vom Einschalten der letzten Belastungsstufe bis zum Durchschmelzen läßt sich durch Schätzung ermitteln, ob der Grenzstrom näher am letzten oder vorletzten Wert liegt.

Diese Versuche sind in Tabelle V wiedergegeben.

Es wurde nun angenommen, daß der Einfluß der Klemmstücke in Anbetracht der relativ großen Länge nicht sehr wesentlich sei, so daß ihr Einfluß gegenüber der Veränderung der Wärmekapazität des Streifens als unwesentlich vernachlässigt werden konnte. Dann muß die ideelle Länge sämtlicher verwendeter Einsätze dieselbe sein.

Aus den gemessenen Grenzströmen für das dickste und das dünnste Aluminiumblech ergeben sich nach Gleichung 3 auf Seite 24 zwei Bedingungen, aus welchen die Konstanten k und L bestimmt wurden. Die ideelle Länge ergab sich zu 19,4 cm, die Konstante k war für Aluminium $= 0,00117$, mithin um 17% größer als bei den Versuchen mit der Patrone PN 130. Diese Vergrößerung der Ventilation trotz der Verwendung zweier paralleler Streifen erklärt sich durch die größere Öffnung der Endstöpsel und den größeren Durchmesser des Porzellanrohres.

Die Ventilationskoeffizienten k für Zink und Kupfer wurden durch die entsprechende Vergrößerung um 17% bestimmt. Es wurde also für Zink $k = 0,000644$ und für Kupfer $k = 0,003125$ gesetzt. Mit diesen Konstanten sind die Grenzstromstärken für die Einsätze aus Kupfer, Aluminium und Zink berechnet und in Fig. 22 in Abhängigkeit von der Blechdicke aufgetragen. Die eingezeichneten Punkte entsprechen den Versuchsergebnissen.

Die Übereinstimmung der Punkte für Aluminium
und Zink mit der Theorie ist eine durchaus befriedigende.
Die Punkte für Kupfer liegen auf einer Kurve, welche
der berechneten ähnlich ist,
aber etwas tiefer liegt. Die
Kupferstreifen schmolzen also
bei niedrigerem Strom ab.
Die Erklärung hierfür ergibt
sich aus der in Vorstehendem
erläuterten Berührung der
Streifen und der hierdurch
bedingten Verringerung der
Ventilation.

In der Kurve für Alu-
minium fällt besonders der
Punkt für 1 mm starkes Blech
nach oben heraus. Es war
dies durch eine ungenaue
Montage verursacht, wodurch

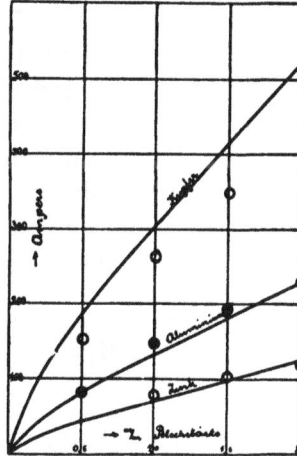

Fig. 22.

die Mittelstücke der Streifen gegeneinander versetzt
waren, so daß die Strahlung des einen nicht den anderen
sondern das Rohr traf. Hierdurch verringerte sich die
gegenseitige Erwärmung, und die Wirkung war diejenige
einer vergrößerten Ventilation.

Parallelschaltung ungleicher Einsätze.

Zur Vereinfachung der Berechnung müssen im folgenden zwei Voraussetzungen gemacht werden, welche
in der Praxis zum Teil nicht stets erfüllt sind, welche
aber im übrigen genügen, um sich ein hinreichendes
Bild über die Verhältnisse zu machen. Es wird nämlich
erstens vorausgesetzt, daß der Einsatz auf eine gewisse
Länge einen konstanten Querschnitt hat und aus homo-
genem Material besteht, und daß diese Länge diejenige
ist, welche für den Widerstand in Frage kommt, so daß
beispielsweise bei Streifen, welche in Polschuhe eingelötet

sind, nur die Länge des Teiles betrachtet wird, welcher
vom Rande des einen Polschuhes bis zum Rande des
anderen Polschuhes reicht, und daß der Widerstand sowie die Wärmeerzeugung in den Polschuhen vernachlässigt werden. Die folgenden Entwickelungen sind daher für Streifen komplizierterer Form, wie sie z. B. in
Fig. 21 gezeichnet sind, nicht mehr zulässig. Des ferneren
wurde vorausgesetzt, daß die Erwärmung stets von der
Raumtemperatur ausgeht, d. h. daß die Einsätze zunächst
kalt sind und dann eine Belastung momentan eingeschaltet und bis zum Durchschmelzen konstant gehalten wird. Unter diesen Voraussetzungen läßt sich

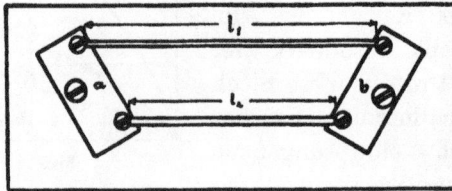

Fig. 23.

auf rechnerische Weise ein ganz guter Überblick über
die Verhältnisse erzielen.

    Zunächst möge der einfachste Fall betrachtet werden,
indem Übergangswiderstand, Vorschaltwiderstände und
Selbstinduktionen der einzelnen Einsätze vernachlässigt
werden, so daß also zwischen den beiden Verzweigungs-
punkten a und b (Fig. 23) nur die beiden Einsätze liegen.
Es möge im folgenden der Gesamtstrom mit J bezeichnet
werden und die speziellen, auf die Einsätze bezüglichen
Daten mit den Indizes 1 und 2.

    Drückt man die Widerstände der beiden Einsätze
durch Länge, Querschnitt, Widerstands- und Temperatur-
koeffizient aus, und wendet man das Kirchhoffsche Gesetz
an, so erhält man für die beiden Teilströme folgende
Gleichungen:

$$i_1 = \frac{\dfrac{l_2}{q_2}\,\varrho_{02}\,(1 + \alpha_2\,t_2)}{\dfrac{l_1}{q_1}\,\varrho_{01}\,(1 + \alpha_1\,t_1) + \dfrac{l_2}{q_2}\,\varrho_{02}\,(1 + \alpha_2\,t_2)}\,J,$$

$$i_2 = \frac{\dfrac{l_1}{q_1}\,\varrho_{01}\,(1 + \alpha_1\,t_1)}{\dfrac{l_1}{q_1}\,\varrho_{01}\,(1 + \alpha_1\,t_1) + \dfrac{l_2}{q_2}\,\varrho_{02}\,(1 + \alpha_2\,t_2)}\,J.$$

Unter Berücksichtigung dieser Werte für die Stromstärke kann man nun in derselben Weise, wie es vorher für einfache Sicherungen geschehen ist, die Wärmebilanzgleichungen für jeden der Einsätze aufstellen. Man erhält dann die beiden Differentialgleichungen:

$$\left[\frac{J^2\,l_2^2\,\varrho_{02}\,(1 + \alpha_2\,t_2)}{41\,600\,q_1\,q_2^2\left(\dfrac{l_1^2\,\varrho_{01}\,(1 + \alpha_1\,t_1)}{q_1^2\,\varrho_{02}\,(1 + \alpha_2\,t_2)} + \dfrac{2\,l_1\,l_2}{q_1\,q_2} + \dfrac{l_2^2\,\varrho_{02}\,(1 + \alpha_2\,t_2)}{q_2^2\,\varrho_{01}\,(1 + \alpha_1\,t_1)}\right)} \right.$$
$$\left. - \left(k_1\,O_1 + \frac{16\,q_1\,\lambda_1}{L_1^2}\right)(t_1 - t_0)\right]ds = c_{01}\,q_1\,(1 + \beta_1\,t_1)\,dt_1$$

$$\left[\frac{J^2\,l_1^2\,\varrho_{01}\,(1 + \alpha_1\,t_1)}{41\,600\,q_1^2\,q_2\left(\dfrac{l_1^2\,\varrho_{01}\,(1 + \alpha_1\,t_1)}{q_1^2\,\varrho_{02}\,(1 + \alpha_2\,t_2)} + \dfrac{2\,l_1\,l_2}{q_1\,q_2} + \dfrac{l_2^2\,\varrho_{02}\,(1 + \alpha_2\,t_2)}{q_2^2\,\varrho_{01}\,(1 + \alpha_1\,t_1)}\right)} \right.$$
$$\left. - \left(k_2\,O_2 + \frac{16\,q_2\,\lambda_2}{L_2^2}\right)(t_2 - t_0)\right]ds = c_{02}\,q_2\,(1 + \beta_2\,t_2)\,dt_2.$$

Diese Gleichungen sind allgemein nicht integrierbar; man kann aber die beiden Grenzfälle behandeln: nämlich erstens für den Beharrungszustand, d. h. bei Vernachlässigung der aufgenommenen Wärme, und zweitens für den Kurzschluß, d. h. bei Vernachlässigung der abgegebenen Wärme. Für den Beharrungszustand ergeben sich zwei vereinfachte Gleichungen, bei welchen zu bemerken ist, daß die Zeit herausfällt, und daß wir ohne weiteres Integralgleichungen erhalten, welche nur nach Eintritt des Beharrungszustandes richtig sind.

$$\frac{J^2 \, l_2{}^2 \, \varrho_{02} \, (1 + \alpha_2 \, t_2)}{41\,600 \, q_1 q_2{}^2 \left(\dfrac{l_1{}^2 \, \varrho_{01} \, (1 + \alpha_1 \, t_1)}{q_1{}^2 \, \varrho_{02} \, (1 + \alpha_2 \, t_2)} + \dfrac{2 \, l_1 l_2}{q_1 q_2} + \dfrac{l_2{}^2 \, \varrho_{02} \, (1 + \alpha_2 \, t_2)}{q_2{}^2 \, \varrho_{01} \, (1 + \alpha_1 \, t_1)} \right)}$$

$$= \left(k_1 \, 0_1 + \frac{16 \, q_1 \lambda_1}{L_1{}^2} \right) (t_1 - t_0).$$

$$\frac{J^2 \, l_1{}^2 \, \varrho_{01} \, (1 + \alpha_1 \, t_1)}{41\,600 \, q_1{}^2 q_2 \left(\dfrac{l_1{}^2 \, \varrho_{01} \, (1 + \alpha_1 \, t_1)}{q_1{}^2 \, \varrho_{02} \, (1 + \alpha_2 \, t_2)} + \dfrac{2 \, l_1 l_2}{q_1 q_2} + \dfrac{l_2{}^2 \, \varrho_{02} \, (1 + \alpha_2 \, t_2)}{q_2{}^2 \, \varrho_{01} \, (1 + \alpha_1 \, t_1)} \right)}$$

$$= \left(k_2 \, 0_2 + \frac{16 \, q_2 \lambda_2}{L_2{}^2} \right) (t_2 - t_0).$$

Dividiert man die beiden Gleichungen durcheinander, so erhält man eine Beziehung

$$(1 + \alpha_2 \, t_2) \, (t_2 - t_0) = D \, (1 + \alpha_1 \, t_1) \, (t_1 - t_0)$$

worin die Konstante

$$D = \frac{l_1{}^2 \, \varrho_{01} \, q_2 \left(k_1 \, 0_1 + \dfrac{16 \, q_1 \lambda_1}{L_1{}^2} \right)}{l_2{}^2 \, \varrho_{02} \, q_1 \left(k_2 \, 0_2 + \dfrac{16 \, q_2 \lambda_2}{L_2{}^2} \right)}.$$

Löst man diese Gleichung nach der Temperatur t_2 des zweiten Einsatzes auf, so erhält man die Beziehung

$$t_2 = -\frac{1 - \alpha_2 t_0}{2 \, \alpha_2} + \sqrt{\left(\frac{1 - \alpha_2 t_0}{2 \, \alpha_2} \right)^2 + \frac{D}{\alpha_2} (1 + \alpha_1 t_1) \, (t_1 - t_0) + \frac{t_0}{\alpha_2}}.$$

Nach Erreichung des Beharrungszustandes stehen die Temperaturen beider Einsätze in der durch die letzten Gleichungen gegebenen Beziehung. Wenn man die Längen, Querschnitte, Wärmeabfuhrverhältnisse $k \, 0 + \dfrac{16 \, q \, \lambda}{L^2}$ und Materialien der beiden Einsätze so wählt, daß unter Einsetzung der Schmelzpunkte für t_1 und t_2 die obigen Gleichungen gültig sind, so schmelzen die Einsätze unter

Grenzstrom in gleicher Zeit durch. Bezeichnet man mit t_{s1} und t_{s2} die Schmelzpunkte der Materialien, so ergibt sich, damit der Einsatz 1 vor dem Einsatz 2 durchschmilzt, folgende Ungleichung:

$$\frac{l_1^2 \varrho_{01}}{q^1}\left(k_1\, O_1 + \frac{16\, q_1 \lambda_1}{L_1{}^2}\right)(1 + \alpha_1 t_{s1})(t_{s1} - t_0)$$
$$< \frac{l_2^2 \varrho_{02}}{q_2}\left(k_2\, O_2 + \frac{16\, q_2 \lambda_2}{L_2{}^2}\right)(1 + \alpha_2 t_{s2})(t_{s2} - t_0).$$

Einen einfachen Fall, welcher hierher gehört, erhält man, indem man zwei oder mehrere runde Einsätze von gleicher Länge und aus gleichem Material parallel schaltet, so daß die Stromdichte in allen Einsätzen die gleiche ist. Da aber die dünneren Einsätze im Verhältnis zum Querschnitt eine größere Abkühlungsfläche besitzen, so bleiben sie kühler als die dickeren, und es schmelzen zunächst die dickeren und dann in der Reihenfolge der Durchmesser die dünneren ab. Man kann sich hiervon experimentell ohne weiteres überzeugen, vorausgesetzt daß man sich nicht weit vom Grenzstrom entfernt. Wie später gezeigt wird, schmelzen bei Kurzschluß die Einsätze nicht mehr in einer vorausbestimmten Reihenfolge sondern gleichzeitig.

Für die Kurzschlußverhältnisse, d. h. für Vernachlässigung der Wärmeabfuhr, ergibt sich durch Division der Differentialgleichungen

$$l_2^2 \varrho_{02}\, c_{02}\, (1 + \alpha_2 t_2)(1 + \beta_2 t_2)\, dt_2 =$$
$$l_1^2 \varrho_{01}\, c_{01}\, (1 + \alpha_1 t_1)(1 + \beta_1 t_1)\, dt_1.$$

Integriert man diese Gleichung, so erhält man folgende Formel:

$$l_2^2 \varrho_{02}\, c_{02}\left[\frac{\alpha_2\, \beta_2}{3}(t_2{}^3 - t_0{}^3) + \frac{\alpha_2 + \beta_2}{2}(t_2{}^2 - t_0{}^2) + t_2 - t_0\right]$$
$$= l_1^2 \varrho_{01}\, c_{01}\left[\frac{\alpha_1\, \beta_1}{3}(t_1{}^3 - t_0{}^3) + \frac{\alpha_1 + \beta_1}{2}(t_1{}^2 - t_0{}^2) + t_1 - t_0\right].$$

In jedem Augenblick, vom Einschalten ab, stehen die Temperaturen beider Einsätze in einer durch diese Gleichung gegebenen Beziehung. Dieselbe hängt für zwei Materialien nur von dem Verhältnis der Längen ab und ist unabhängig von den Querschnitten und Querschnittsformen.

Zwei ungleiche Einsätze von gleichem Material haben stets gleiche Temperatur und schmelzen gleichzeitig ab, wenn sie gleich lang sind, ohne Rücksicht darauf, wie ihre Querschnitte beschaffen sind.

Zwei Einsätze aus verschiedenem Material schmelzen zu derselben Zeit durch, wenn ihre Längen in einem bestimmten, durch die Formel gegebenen Verhältnis stehen, z. B. Zink und Kupfer, wenn der Zinkeinsatz 1,4 mal so lang ist wie der Kupfereinsatz. Ist der Zinkeinsatz kürzer, als dieser Beziehung entspricht, so schmilzt er zuerst, ist er länger, so schmilzt zuerst der Kupfereinsatz. Diese Verhältnisse sind durch Versuche bestätigt, welche in Tabelle VI wiedergegeben sind. Für verschiedene Längenverhältnisse zwischen Zink und Kupfer ist die Temperatur des Kupfereinsatzes beim Durchschmelzen des Zinkeinsatzes und umgekehrt die Temperatur des Zinkeinsatzes beim Durchschmelzen des Kupfereinsatzes als Funktion des Längenverhältnisses vom Zink zum Kupfer in der Fig. 24 aufgetragen. Die ausgezogenen Linien geben die wirklichen Temperaturen an, die gestrichelten Verlängerungen geben die gerechneten Temperaturen an, welche eintreten würden, wenn nicht der betreffende Einsatz vor dem anderen durchschmelzen würde. Zur Berechnung des charakteristischen Längenverhältnisses für zwei Materialien dient die Konstante

$$c_0 \, \varrho_0 \left[\frac{\alpha \beta}{3} \left(t_s{}^3 - t_0{}^3 \right) + \frac{\alpha + \beta}{2} \left(t_s{}^2 - t_0{}^2 \right) + t_s - t_0 \right]$$

welche mit Einsetzung des Schmelzpunktes sich ergibt für

Kupfer	. . .	63,5	Zink	. . .	32,55
Silber	. . .	35,8	Blei	. . . .	41,4
Aluminium	.	29,3	Zinn	. . .	16,82.

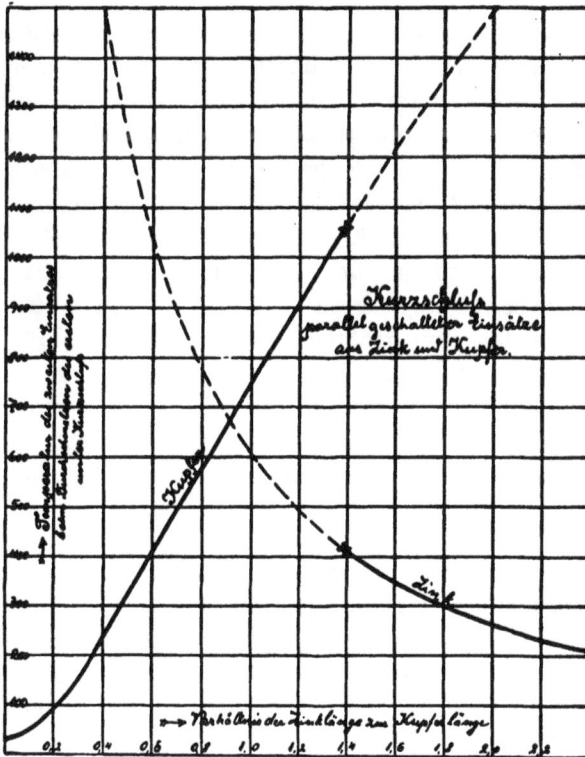

Fig. 24.

Das Verhältnis der Längen, bei welchem beide Einsätze gleichzeitig durchschmelzen, ist umgekehrt proportional der Quadratwurzel aus den entsprechenden
Konstanten.

Man kann also zwei Bedingungen dafür aufstellen,
daß der Einsatz 1 vor dem Einsatz 2 abschmilzt, und

die eine Bedingung entspricht dem Grenzstrom, die
zweite dem Kurzschluß. Sind beide Bedingungen erfüllt,
so wird auch bei allen zwischen Grenzstrom und Kurzschluß liegenden Strömen der Einsatz 1 zuerst durchschmelzen.

In den beiden Ungleichungen findet man auf jeder
Seite eine für den Einsatz charakteristische Größe, welche
als charakteristisches Grenzstromglied und als charakteristisches Kurzschlußglied bezeichnet werden möge.
Derjenige Einsatz, welcher von mehreren parallel geschalteten Einsätzen das kleinste Grenzstromglied und
das kleinste Kurzschlußglied hat, schmilzt zuerst durch,
und die Reihenfolge des Durchschmelzens geht nach
der Größenordnung dieser charakteristischen Glieder,
vom kleinsten zum größten. Es ist unschwer, für drei
oder mehrere Einsätze diese Beziehung abzuleiten, und
wurde darauf verzichtet, da dieselbe in einer einfachen
Anwendung des Kirchhoffschen Gesetzes besteht und im
übrigen in analoger Weise zu entwickeln ist, wie es in
Obigem für zwei Einsätze geschehen ist.

Ein Beispiel einer praktischen Ausführung ist in
der Hörnersicherung der Dr. Paul Meyer A.-G. gegeben,
welche in Fig. 25 in Photographie dargestellt ist. Dieselbe besitzt Haupteinsätze aus Zink und Nebeneinsätze
aus versilbertem Kupfer. Die Haupteinsätze sind verhältnismäßig kurz gehalten, so daß der Spannungsabfall
und Energieverlust in der Sicherung bei normalem Betriebe gering ist. Da die Sicherung so bemessen ist,
daß die Haupteinsätze unbedingt vor den Nebeneinsätzen
durchschmelzen müssen, ist es zulässig, den Haupteinsätzen dieses geringe Stichmaß zu geben, da an ihnen
nur eine Spannungsdifferenz ausgeschaltet wird, welche
dem Produkt aus dem durch die Sicherung fließenden
Strom und dem Widerstand der Nebeneinsätze entspricht.
Die abgebildete Sicherung ist für 2000 Amp. Betriebs-

strom, also ca. 3000 Amp. Grenzstrom und 750 Volt,
berechnet. Um ein sicheres Abreißen des Lichtbogens
zu garantieren, sind die Nebeneinsätze an Hörnern angebracht, welche mit Eisenpolschuhen armiert sind. Der
Strom erzeugt ein magnetisches Feld um seine eigene
Bahn, welches durch die Eisenarmierung noch ver-
stärkt wird, und bläst auf diese Weise seinen Funken
selbst aus.

Fig. 25.

Diese Anordnung ist zum ersten Male von der Firma
Kummer für Blitzableiter verwendet worden. Hier bietet
sich jedoch die Möglichkeit, sie noch besser auszunutzen,
da man durch Verwendung von Haupt- und Nebeneinsätzen den Strom zwingen kann, vor Bildung des Lichtbogens einen bestimmten Weg zurückzulegen, welcher
die Wirkung des Blasfeldes wesentlich steigern kann.
Die Sicherung wurde zunächst theoretisch nach den
obigen Formeln berechnet, und es wurden folgende Angaben, welche der praktischen Ausführung entsprechen,
zugrundegelegt.

Haupteinsatz:	Nebeneinsatz:
4 Zinkbleche 1×35 mm	2 Kupferdrähte ϕ 2,25 mm
$l_1 = 6$ cm	$l_2 = 15$ cm
$q_1 = 1,4$ qcm	$q_2 = 0,0797$ qcm
$O_1 = 28,8$ cm	$O_2 = 1,415$ cm
$\varrho_{01} = 0,0587$	$\varrho_{01} = 0,0175$
$\alpha_1 = 0,00376$	$\alpha_2 = 0,00364$
$\lambda_1 = 0,30$	$\lambda_2 = 0,82$
$t_{s1} = 412$	$t_{s2} = 1054$
$c_{01} = 0,6441$	$c_{02} = 0,8062$
$\beta_1 = 0,0008325$	$\beta_2 = 0,0007216$
$L_1 = 15$ cm geschätzt	$L_2 = \infty$
$k_1 = 0,00103$ $\rangle$	$k_2 = 0,005$ geschätzt.

Es ergab sich theoretisch die Temperatur des Nebeneinsatzes vor dem Durchschmelzen mit Grenzstrom zu 173,3°, mit Kurzschluß zu 242°, der Grenzstrom zu 3590 Amp. Der Kurzschlußfaktor des Nebeneinsatzes: $4,5 \cdot 10^6$.

In der fertigen Sicherung wurde zunächst ein Versuch mit den Nebeneinsätzen allein gemacht. Es wurde der Grenzstrom derselben zu 465 Amp. bestimmt und daraus die Ventilationskonstante k_2 unter Voraussetzung einer unendlichen ideellen Länge zu 0,00375 ermittelt.

Sodann wurde ein Versuch mit einem Haupteinsatz allein gemacht. Es wurde gemessen: 1515 Amp. Grenzstrom. Dann wurde ein Schmelzversuch mit beiden Haupteinsätzen, aber ohne Nebeneinsätze, gemacht und ein Grenzstrom von 2960 Amp. gemessen. Der Grenzstrom bei Verwendung von zwei Haupteinsätzen ist geringer als das Doppelte des Grenzstromes für einen Haupteinsatz allein, weil die Sicherung ziemlich warm wird, und weil infolgedessen die Wärmeableitung für einen Einsatz eine verhältnismäßig größere ist als für zwei Einsätze, da die Massen der Anschlüsse mit der

Verdoppelung der Einsätze nicht wachsen. Aus dem Grenzstrom für die beiden Haupteinsätze ergibt sich nun:

$$k_1\, 0_1 + \frac{16\, q_1\, \lambda_1}{L_1{}^2} = 0{,}057.$$

Nimmt man nun an, daß die Ventilationsverhältnisse am Haupteinsatz dieselben sind wie am Nebeneinsatz, so daß k_1 unter Voraussetzung von Kupfer $= 0{,}00375$ wäre, so ist für Zink $k_1 = 0{,}000717$, und dann ergibt sich die ideelle Länge für einen Einsatz zu 13,4, für beide Einsätze zu 13,88 cm.

Mit den auf diese Weise gewonnenen Daten wurde nunmehr der Grenzstrom zu 3285 Amp. berechnet und ergab sich bei der Messung mit etwa 3350 bis 3400 Amp.

Die Temperatur des Nebeneinsatzes ergab sich rechnerisch zu 215°. Beim Versuch schmolzen die Haupteinsätze fast gleichzeitig durch. Im Moment des Durchschmelzens der Haupteinsätze waren die Nebeneinsätze noch nicht glühend, und ein an ihnen befestigtes Stückchen faserigen Papiers wurde vor dem Durchschmelzen des Haupteinsatzes nur schwach gelblich, war aber noch nicht angekohlt, so daß der Schluß berechtigt erscheint, daß die berechnete Temperatur von 215°/₀ annähernd richtig war. Nach dem Durchschmelzen der Haupteinsätze wurden die Nebeneinsätze allmählich wärmer, fingen an zu glühen und schmolzen in ca. ¹/₂ bis 1 Sekunde durch. Die Übereinstimmung dieser Resultate mit der Theorie ist durchaus befriedigend. Es wurden dann weitere Einsätze für 1750 und 1500 Amp. für dieselbe Hörnersicherung entworfen, und es zeigte sich bei den ersteren, gegenüber einem berechneten Grenzstrome von 2710 Amp., ein gemessener Grenzstrom von 2650 und bei letzteren, gegenüber einem berechneten Grenzstrome von 2410 Amp., ein gemessener Grenzstrom von 2350 Amp.

Von Interesse ist für die Bemessung der Nebeneinsätze der Umstand, daß die Temperatur der Nebeneinsätze beim Schmelzen unter Kurzschluß nur durch
die Länge bedingt ist, während die Temperatur der
Nebeneinsätze beim Schmelzen unter Grenzstrom vom
Durchmesser abhängt und mit dem Durchmesser steigt.
Man darf also mit dem Durchmesser der Nebeneinsätze
nicht zu hoch gehen, damit dieselben sich nicht zu sehr
erwärmen. Man darf andererseits aber den Durchmesser
der Nebeneinsätze auch nicht zu gering wählen, damit
ihr Kurzschlußfaktor nicht zu gering wird, und damit
sie nicht schon durchschmelzen, während im Haupteinsatz noch ein Lichtbogen steht. Für die Anordnung
der Haupteinsätze ist Wert darauf zu legen, daß dieselben einen geringen Spannungsabfall und eine geringe
Energievernichtung besitzen. Es ist andererseits darauf
zu achten, daß dieselben im Betriebe nicht warm werden,
und es ist aus diesem Grunde die Verwendung von
Materialien mit geringem Schmelzpunkt für die Haupteinsätze anzustreben. Der sonstige Nachteil der Einsätze mit geringem Schmelzpunkt, nämlich das Umher-
spritzen geschmolzener Teilchen, kommt bei diesen Einsätzen nicht in Frage, da eine explosionsartige Erscheinung infolge der geringen ausgeschalteten Spannung
nicht auftritt. Das Material tropft einfach herunter.

Für die Nebeneinsätze ist, da sie die Ausschaltung
der vollen Energie zu besorgen haben, darauf zu achten,
daß die Masse möglichst gering wird. Es ist demnach
nach Möglichkeit ein Material von hohem Schmelzpunkte,
Kupfer, Silber usw., zu verwenden. Da die Nebeneinsätze stets so bemessen werden können, daß sie vor
Durchschmelzen des Haupteinsatzes nur geringe Temperaturen erreichen, so können Materialien verwendet
werden, welche, wie Eisen und Kupfer, bei höheren
Temperaturen chemischen Veränderungen unterworfen
sind. Diesen höheren Temperaturen werden die Neben-

einsätze erst nach dem Durchschmelzen des Haupteinsatzes, und dann nur momentan, ausgesetzt, da sie sofort durchschmelzen.

Eine andere Anordnung der Sicherungen mit Parallelschaltung ungleicher Einsätze ist insofern von Interesse,
als dieselbe für Hochspannungssicherungen mit großen
Energiemengen verwendbar ist. In diesem Falle legt
man den Haupteinsatz an beliebige Stellen, beispielsweise in Luft, und den Nebeneinsatz in Öl. Gegenüber
den bisher üblichen Ölsicherungen ergibt sich der große
Vorteil, daß die Temperatur des Nebeneinsatzes, welcher
unter Öl liegt, so gering gehalten werden kann, daß das
Öl nicht zu sieden anfängt, und selbst wenn das Öl
siedet, hat die hierdurch bedingte ungleichmäßige Abkühlung des Nebeneinsatzes auf die Abschmelzstrom-
stärke nur einen geringen Einfluß. Das Abschmelzen
des Haupteinsatzes wird also mit genügender Genauig-
keit erfolgen können, und andererseits läßt sich der Nebeneinsatz immer so ordnen, daß die Explosion unter dem
Öl unschädlich erfolgt.

Eine fernere, allerdings wohl nur theoretisch interessante Anwendung der kombinierten Sicherungen für
Hochspannungsanlagen besteht darin, daß man den einzelnen Einsätzen derartige Widerstände gibt, daß beim
Durchschmelzen des ersten Einsatzes ein gewisser Teil
der Spannung ausgeschaltet wird, beim Durchschmelzen
des zweiten Einsatzes ein zweiter Teil, so daß die
Leistung nicht auf einmal, sondern in einzelnen Stufen
ausgeschaltet wird. Es werden hierdurch die Explosions-
erscheinungen wesentlich herabgedrückt und die beim
Durchschmelzen von Sicherungen im Netz auftretenden
Induktionsstöße wesentlich gemildert.

Im folgenden sei nun noch der allgemeinste Fall
der Parallelschaltung ungleicher Einsätze erläutert, bei
welchem jeder der Einsätze einen Vorschaltwiderstand W

und einen induktiven Widerstand σ besitzt (Fig. 26). Der Vorschaltwiderstand kann zum Teil durch den Übergangswiderstand der Klemmen gebildet werden. Es mögen zunächst nur zwei Einsätze vorausgesetzt und die Phasenverschiebung der beiden Ströme vernachlässigt werden. Dann ergeben sich die Impedanzen der beiden Stromzweige

$$\sqrt{\left[\frac{l_1}{q_1}\,\varrho_{01}\,(1 + \alpha_1\,t_1) + W_1\right]^2 + \sigma_1{}^2}$$

$$\sqrt{\left[\frac{l_2}{q_2}\,\varrho_{02}\,(1 + \alpha_2\,t_2) + W_2\right]^2 + \sigma_2{}^2}.$$

Der Teilstrom im Einsatz 1 wird

$$i_1 = J\,\frac{\sqrt{\left[\dfrac{l_2}{q_2}\,\varrho_{02}\,(1 + \alpha_2\,t_2) + W_2\right]^2 + \sigma_2{}^2}}{\sqrt{\left[\dfrac{l_1}{q_1}\,\varrho_{01}\,(1 + \alpha_1\,t_1) + W_1\right]^2 + \sigma_1{}^2} \quad + \quad \sqrt{\left[\dfrac{l_2}{q_2}\,\varrho_{02}\,(1 + \alpha_2\,t_2) + W_2\right]^2 + \sigma_2{}^2}}$$

analog im Einsatz 2

$$i_2 = J\,\frac{\sqrt{\left[\dfrac{l_1}{q_1}\,\varrho_{01}\,(1 + \alpha_1\,t_1) + W_1\right]^2 + \sigma_1{}^2}}{\sqrt{\left[\dfrac{l_1}{q_1}\,\varrho_{01}\,(1 + \alpha_1\,t_1) + W_1\right]^2 + \sigma_1{}^2} \quad + \quad \sqrt{\left[\dfrac{l_2}{q_2}\,\varrho_{02}\,(1 + \alpha_2\,t_2) + W_2\right]^2 + \sigma_2{}^2}}$$

Daraus ergibt sich die Differentialgleichung des Einsatzes 1

$$\left\{ \frac{J^2 \varrho_{01}(1+\alpha_1 t_1)}{41\,600\,q_1} \right.$$

$$\frac{\left[\dfrac{l_2}{q_2}\varrho_{02}(1+\alpha_2 t_2)+W_2\right]^2+\sigma_2{}^2}{\left\{\sqrt{\left[\dfrac{l_1}{q_1}\varrho_{01}(1+\alpha_1 t_1)+W_1\right]^2+\sigma_1{}^2}\ +\ \sqrt{\left[\dfrac{l_2}{q_2}\varrho_{02}(1+\alpha_2 t_2)+W_2\right]^2+\sigma_2{}^2}\right\}^2}$$

$$\left. -\left(k_1 O_1 + \frac{16\,q_1\lambda_1}{L_1{}^2}\right)(t_1-t_0)\right\}ds = c_{01}\,q_1(1+\beta_1 t_1)\,dt_1$$

und analog die Differentialgleichung des Einsatzes 2

$$\left\{ \frac{J^2 \varrho_{02}(1+\alpha_2 t_2)}{41\,600\,q_2} \right.$$

$$\frac{\left[\dfrac{l_1}{q_1}\varrho_{01}(1+\alpha_1 t_1)+W_1\right]^2+\sigma_1{}^2}{\left\{\sqrt{\left[\dfrac{l_1}{q_1}\varrho_{01}(1+\alpha_1 t_1)+W_1\right]^2+\sigma_1{}^2}\ +\ \sqrt{\left[\dfrac{l_2}{q_2}\varrho_{02}(1+\alpha_2 t_2)+W_2\right]^2+\sigma_2{}^2}\right\}^2}$$

$$\left. -\left(k_2 O_2 + \frac{16\,q_2\lambda_2}{L_2{}^2}\right)(t_2-t_0)\right\}ds = c_{02}\,q_2(1+\beta_2 t_2)\,dt_2.$$

Für den Beharrungszustand, speziell für den Grenzstrom, ergibt sich, unter Vernachlässigung der Wärmeaufnahme, durch Division der Gleichungen und Umformung die Beziehung für den Beharrungszustand

$$\frac{\left[\dfrac{l_2}{q_2}\varrho_{02}(1+\alpha_2 t_2)+W_2\right]^2+\sigma_2{}^2}{\dfrac{\varrho_{02}}{q_2}(1+\alpha_2 t_2)}\left(k_2 O_2 + \frac{16\,q_2\lambda_2}{L_2{}^2}\right)(t_2-t_0)=$$

$$\frac{\left[\dfrac{l_1}{q_1}\varrho_{01}(1+\alpha_1 t_1)+W_1\right]^2+\sigma_1{}^2}{\dfrac{\varrho_{01}}{q_1}(1+\alpha_1 t_1)}\left(k_1 O_1 + \frac{16\,q_1\lambda_1}{L_1{}^2}\right)(t_1-t_0).$$

6*

Die beiden Seiten geben das charakteristische Glied
der Einsätze für den Grenzstrom.

Für den Kurzschluß, d. h. durch Vernachlässigung
der abgeführten Wärme, ergibt sich aus den beiden
Differentialgleichungen die folgende Differentialgleichung:

$$\frac{\left[\dfrac{l_2}{q_2}\varrho_{02}\left(1+\alpha_2 t_2\right)+W_2\right]^2+\sigma_2{}^2}{\dfrac{\varrho_{02}}{q_2}\left(1+\alpha_2 t_2\right)}\cdot c_{02}\,q_2\left(1+\beta_2 t_2\right)dt_2 =$$

$$\frac{\left[\dfrac{l_1}{q_1}\varrho_{01}\left(1+\alpha_1 t_1\right)+W_1\right]^2+\sigma_1{}^2}{\dfrac{\varrho_{01}}{q_1}\left(1+\alpha_1 t_1\right)}\cdot c_{01}\,q_1\left(1+\beta_1 t_1\right)dt_1.$$

Aus derselben erfolgt durch Integration

$$l_2{}^2\,\varrho_{02}\,c_{02}\left[\frac{\alpha_2\,\beta_2}{3}\left(t_2{}^3-t_0{}^3\right)+\frac{\alpha_2+\beta_2}{2}\left(t_2{}^2-t_0{}^2\right)+t_2-t_0\right]$$

$$+2\,W_2\,q_2\,l_2\,c_{02}\left[\frac{\beta_2}{2}\left(t_2{}^2-t_0{}^2\right)+t_2-t_0\right]$$

$$+\frac{\left(W_2{}^2+\sigma_2{}^2\right)q_2\,c_{02}}{\varrho_{02}\,\alpha_2}\left[\beta_2\left(t_2-t_0\right)+\left(1-\frac{\beta_2}{\alpha_2}\right)\log_{\mathrm{nat}}\frac{1+\alpha_2 t_2}{1+\alpha_2 t_0}\right]$$

$$=l_1{}^2\,\varrho_{01}\,c_{01}\left[\frac{\alpha_1\,\beta_1}{3}\left(t_1{}^3-t_0{}^3\right)+\frac{\alpha_1+\beta_1}{2}\left(t_1{}^2-t_0{}^2\right)+t_1-t_0\right]$$

$$+2\,W_1\,q_1\,l_1\,c_{01}\left[\frac{\beta_1}{2}\left(t_1{}^2-t_0{}^2\right)+t_1-t_0\right]$$

$$+\frac{\left(W_1{}^2+\sigma_1{}^2\right)q_1\,c_{01}}{\varrho_{01}\,\alpha_1}\left[\beta_1\left(t_1-t_0\right)+\left(1-\frac{\beta_1}{\alpha_1}\right)\log_{\mathrm{nat}}\frac{1+\alpha_1 t_1}{1+\alpha_1 t_0}\right].$$

Auch diese Gleichung enthält auf beiden Seiten die
charakteristischen Glieder der Einsätze für den Kurzschluß. Es läßt sich ohne weiteres nachweisen, daß für
drei oder mehr Einsätze dieselben charakteristischen
Glieder für Grenzstrom und Kurzschluß gelten und daß,
unter Einsetzung der Schmelzpunkte für die Temperaturen bei den charakteristischen Gliedern, diejenigen

Einsätze zuerst durchschmelzen, deren charakteristische Glieder am kleinsten sind.

Bei der Bestimmung der Wärmeableitungskonstanten für die einzelnen Einsätze ist eine gewisse Vorsicht geboten, da unter Umständen eine gegenseitige Beeinflussung durch Wärmestrahlung, Leitung und Konvektion stattfindet. Im Falle der Hörnersicherung (S. 72 ff.) wird der Haupteinsatz durch den Nebeneinsatz nicht erwärmt, wohl aber umgekehrt. Die Ventilationskonstante k_2 müßte größer sein als k_1, gleiches Material vorausgesetzt, da die Nebeneinsätze der abkühlenden Luft freier zugänglich sind; andererseits steigt aber vom Haupteinsatz erwärmte Luft zum Nebeneinsatz empor

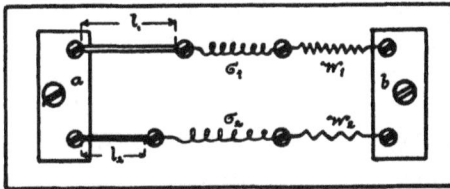

Fig. 26.

und erwärmt ihn. Wie die Versuche zeigen, kann man annähernd bei gleichem Material $k_1 = k_2$ setzen.

Die ideelle Länge des Nebeneinsatzes ist endlich, wenn der Haupteinsatz fortfällt, da die Anschlüsse im Vergleich zum Nebeneinsatz eine sehr große Masse besitzen. Ist aber der Haupteinsatz eingesetzt, so erwärmt er die Anschlüsse so stark, daß sie eine merkliche Wärmeableitung von dem Nebeneinsatz nicht bewirken können; daher kann man $L_2 = \infty$ setzen.

Findet eine gegenseitige Beeinflussung der Einsätze statt, so wird allgemein k kleiner und L größer.

Wenn beim Beginn der Belastung die Einsätze nicht kalt sind $(t_1 = t_2 = t_0)$, sondern infolge früherer Belastungen eine von der Raumtemperatur abweichende

Anfangstemperatur t_{a1} bzw. t_{a2} besitzen, so verändern sich die charakteristischen Größen für den Grenzstrom nicht, da die Anfangstemperatur keinen Einfluß auf den Beharrungszustand ausübt. Dagegen ist in den charakteristischen Größen für den Kurzschluß der Wert t_0 durch t_{a1} bzw. t_{a2} zu ersetzen.

Mit Rücksicht hierauf sowie auf das kurzzeitige Stehenbleiben des ersten Lichtbogens muß man für eine hinreichende Verschiedenheit der charakteristischen Größen sorgen.

Schlußfolgerungen.

Wenn man an Hand der vorliegenden Untersuchungen die Verbandsnormalien deutscher Elektrotechniker einer schärferen Betrachtung unterzieht, so findet man, daß die bestehenden Vorschriften für die Normierung der Sicherungen unter Umständen einen wirksamen Schutz nicht gewähren. Wenn man nämlich von demjenigen Strome ausgeht, welcher die Sicherung in einer bestimmten Zeit, z. B. in 60 Sekunden, durchschmilzt, so kann es bei gewissen Voraussetzungen eintreten, daß die Sicherung eine verhältnismäßig große Überlastung dauernd aushält. Es tritt dieser Fall ein, wenn die Kurve $s = f(J)$ an dem betreffenden Punkte sehr steil verläuft. Wenn man beispielsweise aus den Versuchen die Kurve für einen Kupferdraht von 2 mm Durchmesser (Fig. 11) nimmt und für die Betriebsstromstärke im Sinne der Normalien, beispielsweise den Schmelzstrom für 60 Sekunden, nämlich 208 Amp., zugrundelegt, so ergibt sich eine Betriebsstromstärke von 104 Amp. Der Draht kann aber erst, selbst nach sehr langer Zeit, bei einer Stromstärke von 165 Amp. durchschmelzen, verträgt also dauernd eine Überlastung um 58 %. Bei noch steileren Kurven wird das Verhältnis noch ungünstiger. Der Kupferdraht von 1 mm Durchmesser schmilzt bei 63 Amp. in 1 Minute, bei 58 Amp. gar nicht mehr. Setzt man ihn also für einen Betriebsstrom von 31,5 Amp. ein, so verträgt er eine Überlastung um 84 % dauernd.

Man sieht aus diesen Zahlen, daß eine Bestimmung, wonach der Einsatz beim doppelten Betriebsstrom in 1 Minute durchschmelzen soll, einen wirksamen Schutz nicht gewährt. Stellt man dagegen beispielsweise als Bedingung auf, daß der Draht bei doppelter Normalstromstärke in 15 Sekunden durchschmelzen soll, so läuft man Gefahr, in den flachen Teil der Kurve zu geraten, und die Sicherung verträgt unter Umständen noch nicht einmal den normalen Betriebsstrom dauernd. Als krasses Beispiel kann der Bleidraht von 6 mm (Fig. 16) gelten. Er schmilzt nach 15 Sekunden bei 300 Amp. und verträgt 150 Amp. nur 80 Sekunden.

Es erscheint daher zweckmäßig, für die Bemessung der Betriebsstromstärke die Bedingung zu stellen, daß der Einsatz eine gewisse Überlastung, z. B. 50 %, gerade noch dauernd vertragen soll, d. h. daß der Betriebsstrom $J_n = \frac{2}{3} J_0$, also $\frac{2}{3}$ des Grenzstromes, betragen soll.

Man ist dann sicher, daß der Schmelzeinsatz bei einer Überschreitnng des Stromes J_0 durchschmilzt, und die Schmelzzeit bei doppeltem Betriebsstrom erreicht immer noch einen genügend kleinen Wert. Selbst bei der flachsten der gezeichneten Kurven, nämlich derjenigen für Bleidraht von 6 mm Durchmesser, ist die Zeit, nach welcher der Draht bei doppeltem Betriebsstrom $2 J_n = 150$ Amp. durchschmilzt, schon 80 Sekunden, liegt demnach innerhalb der durch die Normalien festgelegten Grenzen.

Aus der Form der Kurven läßt sich eine interessante Folgerung von praktischer Bedeutung ziehen. Man kann nämlich durch entsprechende Wahl der Verhältnisse die Kurven $s = f(J)$ so formen, daß man

innerhalb weiter Grenzen die Neigung der Kurven bestimmt und beispielsweise ein ganzes Bündel von Kurven
erhält, welche sich in einem Punkte schneiden. Nimmt
man den zu diesem Punkt gehörigen Strom als Aus-
gangspunkt für die Normierung des Betriebsstromes, so
erhält man eine ganze Reihe verschiedener Einsätze,
welche alle zu demselben Betriebsstrom passen, und
man kann je nach Wahl des betreffenden Einsatzes
innerhalb weiter Grenzen erreichen, daß bei einer bestimmten Überlastung der Einsatz in einer vorausbestimmten Zeit durchschmilzt.

Damit sich die Kurven alle in demselben Punkte
schneiden, ist es erforderlich, daß in der Gleichung 2
bzw. 2 b für denselben Strom J sich dieselbe Zeit s
ergibt. Hieraus folgt eine Beziehung zwischen den
übrigen Größen, welche in der Gleichung vorkommen.
Wenn man eine dieser Größen für sich ändert, so stört
man die Beziehung. Dagegen kann man zwei oder
mehrere dieser Größen derart ändern, daß die erwähnte
Beziehung aufrechterhalten bleibt. Man erhält dadurch
eine andere Kurve des erwähnten Bündels.

Für den oben angeführten Fall, daß der Grenzstrom J_0 zur Normierung des Betriebsstromes heran-
gezogen wird, gestalten sich die Verhältnisse ziemlich
einfach. Die Kurven schneiden sich alle im Punkte
$J = J_0$, $s = \infty$, d. h. sie haben dieselbe Asymptote.
Nun gestaltet sich nach der Diskussion für den Grenzstrom die Gleichung wie folgt:

$$\frac{J_0{}^2 \varrho_0 \left(1 + \alpha t_s\right)}{41\,600\; q} = \left(k\,0 + \frac{16\; q\,\lambda}{L^2}\right)(t_s - t_0).$$

Sämtliche Einsätze, für welche diese Gleichung erfüllt ist, haben dieselbe Asymptote und entsprechen
demselben Betriebsstrom.

Man kann folgende Veränderungen vornehmen:
Man kann den Querschnitt hinsichtlich der Größe und

Form, mithin gleichzeitig den Umfang, ferner das Material, die Abkühlungsverhältnisse und schließlich die ideelle Länge verändern.

Da diese Zeiteinstellung der Sicherungen hauptsächlich für höhere Spannungen von Interesse ist, so kann man im allgemeinen beim Entwurf derartiger Einsätze die ideelle Länge = ∞ setzen, d. h. die Wärmeleitung innerhalb des Einsatzes vernachlässigen. Dann wird die Beziehung

$$\frac{J_0{}^2 \varrho_0 (1 + \alpha t_s)}{41\,600\,g} = k\,0\,(t_s - t_0).$$

Man ersieht hieraus, daß beispielsweise bei gleichem Material und gleichen Ventilationsverhältnissen die zur gleichen Betriebsstromstärke gehörigen Einsätze dadurch charakterisiert sind, daß das Produkt aus Querschnitt und Umfang konstant ist. Zwei derartige Kurven finden sich in Fig. 13, nämlich die Kurven für Aluminiumstreifen von $0{,}5 \times 6$ und 1×4 mm. Das Produkt aus Querschnitt und Umfang dieser Einsätze beträgt 39 bzw. 40 cbmm, ist mithin annähernd gleich. Derjenige Streifen, welcher bei gleichem Produkt $q\,o$ die geringere Oberfläche und die größere Masse besitzt, der sich also der quadratischen bzw. kreisförmigen Querschnittsform am meisten nähert, schmilzt am langsamsten durch, besitzt also die flachste Kurve. Der runde Draht besitzt eine flachere Kurve als jeder Draht von rechteckiger Querschnittsform. Man kann also bei Verwendung desselben Materials, derselben Abkühlungsverhältnisse und unendlicher ideeller Länge um so steilere Kurven erzeugen, je weiter man sich von der quadratischen Form entfernt.

Andererseits wird man es aus praktischen Gründen vermeiden, zu dünne und zu breite Streifen zu verwenden, und es empfiehlt sich dann, zu einem Material von höherem Schmelzpunkt überzugehen. Das Produkt

Querschnitt $\times$ Umfang wird bei einem Material von höherem Schmelzpunkt kleiner, und man kann mit einem runden Drahte dasselbe erreichen wie mit einem verhältnismäßig flacheren Streifen aus niedriger schmelzendem Material.

Durch Wahl von flachen Streifen aus dem zweiten Material kann man nun die Kurven wieder steiler machen, d. h. die Abschmelzzeit bei Überlastungszeit weiter verringern usw. In Tabelle VII sind für verschiedene Einsätze aus Aluminium und Kupfer in Patrone P 130 für eine Grenzstromstärke von 150 Amp., also für einen Betriebsstrom von 100 Amp., die Abschmelzzeiten bei einer Überlastung um $100\,\%$, mithin bei 200 Amp., angegeben.

In der Tabelle VII sind ferner für die verschiedenen Einsätze die Kurzschlußfaktoren $s\,J_k^2 = \Theta$ angegeben. Wie man sieht, geben dieselben ebenfalls ein Bild über die Verhältnisse der Überlastbarkeit der einzelnen Einsätze. Da nun diese Kurzschlußfaktoren wesentlich einfacher zu berechnen sind als die Schmelzzeiten für einen bestimmten Strom, so empfiehlt es sich, für die Beurteilung der Überlastbarkeit der Einsätze diese Kurzschlußfaktoren zugrundezulegen. Es würde also für eine Reihe von Streifen die Bedingung zu stellen sein, daß sie gleichen Grenzstrom und innerhalb gewisser zu fordernder Grenzen verschiedene Kurzschlußfaktoren besitzen. Innerhalb welcher Grenzen dies zu erreichen ist, läßt sich aus der Tabelle leicht ersehen.

In ähnlicher Weise, wie es hier durch Veränderung von Querschnitt, Umfang und Material erläutert ist, kann man auch die Abkühlungsverhältnisse und, bei kurzen Einsätzen oder Einsätzen von veränderlichem Querschnitt, die ideelle Länge zur Bestimmung der Abschmelzverhältnisse heranziehen. Man kann beispielsweise den Luftzug in der Sicherung erschweren oder erleichtern, den Streifen mehr oder weniger dicht mit

Isoliermaterial einhüllen, bei Sicherungen unter Öl die
Zirkulation mehr oder weniger begünstigen. Man kann
ferner die Wärmekapazität der Polschuhe oder Klemmen
verändern oder am Einsatz selbst entsprechende Wärmekapazitäten anbringen usw.

Alle diese Maßnahmen sind jedoch in ihren Wir-
kungen schwerer zu kontrollieren und daher praktisch
weniger empfehlenswert als die Einstellung der Abschmelzkurven durch Änderung von Querschnitt, Umfang und Material.

Unter Benutzung dieser drei Faktoren läßt sich,
wie Tabelle VII zeigt, eine für die Zwecke der Praxis
ausreichende Variation schaffen.

Es eröffnet sich hierdurch die Möglichkeit, die in
neuerer Zeit bei Hochspannungsanlagen häufig an-
gewendeten selbsttätigen Maximalausschalter mit Zeitrelais durch die billige Sicherung zu ersetzen. An die
Stelle der Änderung der Einstellung am Zeitrelais tritt
dann die Einsetzung einer neuen Sicherungspatrone,
welche mit einem den gewünschten Verhältnissen entsprechenden Einsatz versehen ist. Eine kurze Überlastung vermag die Sicherung ebensowenig zum An-
sprechen zu bringen wie das Zeitrelais den Maximalausschalter, vorausgesetzt daß Größe und Zeitdauer der
Überlastung nicht unzulässig geworden ist.

Der automatische Schalter mit Zeitrelais besitzt vor
der einstellbaren Sicherung den Vorteil, während des
Betriebes verstellt werden zu können, während zur
Änderung der Einstellung bei der Sicherung der Strom
ausgeschaltet und die Patronen sämtlicher Pole aus-
gewechselt werden müssen. Sehr groß dürfte dieser
Vorsprung der Maximalausschalter im praktischen Betriebe jedoch nicht sein, denn der Schalttafelwärter wird
die Einstellung eines Zeitrelais nur ändern, wenn der
Automat zu oft ausschaltet. Ist aber einmal die Ausschaltung erfolgt, so ist es gleichgültig, ob das Zeitrelais

eingestellt oder Patronen mit langsamer schmelzenden
Einsätzen eingeschaltet werden.

Zugunsten der einstellbaren Sicherung ist dagegen
der außerordentlich große Preisunterschied gegen selbst-
tätige Ausschalter mit Zeitrelais ins Feld zu führen.
Aus Hochspannungszentralen, in denen man zurzeit
noch nicht allzu sehr zu sparen pflegt, werden die auto-
matischen Schalter wohl kaum verdrängt werden; für
Speisepunkte und Umformerstationen, deren Zahl zur
Sparsamkeit zwingt, und in denen keine oder nur mangel-
hafte Bedienung vorhanden ist, dürfte die einstellbare
Sicherung sich aber sehr gut eignen.

Schlußbemerkung.

In vorliegender Arbeit sind die Abschmelzverhältnisse der Sicherungen unter der Voraussetzung betrachtet worden, daß weder eine chemische Veränderung
noch eine Modifikation der inneren Struktur des Einsatzes eintritt. Streng genommen, werden die Resultate
dieser Arbeit daher nur auf die Sicherungen anwendbar
sein, solange sie neu sind und solange durch vorher-
gehende Belastungen keine Veränderungen hervorgerufen
sind. Soweit aus der Praxis des Verfassers sich der
Einfluß dieser Veränderungen beurteilen läßt, ist er verhältnismäßig geringfügig und darf in praktischer Beziehung vernachlässigt werden.

Untersuchungen über das sogenannte Altern der
Sicherungen sind schon angestellt worden und ins-
besondere in amerikanischen Zeitschriften niedergelegt.
Es wäre indessen wünschenswert, genauere Unter-
suchungen über diese Alterungserscheinungen unter Be-
rücksichtigung der in vorliegender Arbeit niedergelegten
Tatsachen auszuführen. Dieselben könnten etwa in der
Weise angestellt werden, daß man gleiche Einsätze unter

Grenzstrom und Kurzschluß prüft, und zwar indem sie
einmal ohne vorherige Belastung, ein anderes Mal nach
verschieden langer, gleich starker Belastung, beispielsweise mit $^2/_3$ des Grenzstromes und einem Strom, welcher
wenig unter dem Grenzstrom liegt, und schließlich inter-
mittierend mit starken Stromstößen belastet werden.
Vielleicht gelingt es auf diese Weise, nähere Andeu-
tungen über die Strukturveränderungen einzelner Metalle
zu erhalten.

Immerhin sind die Resultate einer derartigen Untersuchung für die Praxis von untergeordnetem Werte, da
man über die Belastung, welche eine Sicherung vor dem
Durchschmelzen durchzumachen hat, doch niemals etwas
Genaueres weiß und sich diese Belastung in jedem Falle
ändert. Es wird sich daher empfehlen, nur mit den
Daten zu rechnen, welche für neue Sicherungen gelten,
und welche nach den Formeln der vorliegenden Arbeit
berechnet werden können.

Tabelle I. Widerstandsmessungen.

a) Aluminium.

Drahtdurchmesser 2 mm, gemessene Länge 0,865 m.

Temperatur	Volt	Amp.	Ohm	Spez. Widerstand
16	0,0210	2,53	0,0083	0,0301
65	0,0246	2,50	0,00984	0,0357
77,5	0,0254	2,50	0,01015	0,0368
97	0,0272	2,51	0,01082	0,0393
117	0,0286	2,51	0,01140	0,0414
135	0,0301	2,50	0,01204	0,0437
149	0,0310	2,50	0,01240	0,0450
161	0,0320	2,50	0,01280	0,0465
340	0,0459	2,51	0,01830	0,0664
358	0,0482	2,51	0,01915	0,0695
382	0,0498	2,51	0,01985	0,0720
399	0,0517	2,51	0,02060	0,0748
415	0,0536	2,50	0,02145	0,0779
432	0,0555	2,50	0,02220	0,0805
437	0,0561	2,51	0,02235	0,0811
446	0,0567	2,50	0,02270	0,0824
461	0,0582	2,50	0,02330	0,0845

b) Zink.

Drahtdurchmesser 1,8 mm, Länge 0,87 m.

Temperatur	Volt	Amp.	Ohm	Spez. Widerstand
20	0,0100	0,465	0,0215	0,0630
34	0,0105	»	0,0226	0,0663
54	0,0111	»	0,02385	0,0700
75	0,0119	»	0,0256	0,0751
97,5	0,0127	»	0,0273	0,0800
121	0,0132	»	0,02838	0,0832
135	0,0140	»	0,0301	0,0882
147,5	0,0148	»	0,0318	0,0933
157	0,0151	»	0,03245	0,0953
161	0,0152	»	0,0327	0,0960
262	0,0213	0,50	0,0426	0,1250
287	0,0272	0,50	0,0454	0,1330

c) Blei.

Drahtdurchmesser 2,1 mm, Länge 0,85 m.

Temperatur	Volt	Amp.	Ohm	Spez. Widerstand
118	0,0703	1,00	0,0703	0,286
179	0,0835	»	0,0835	0,340
204	0,0887	»	0,0887	0,362
241	0,0965	»	0,0965	0,394
265	0,1019	»	0,1019	0,415

d) Zinn.

Drahtdurchmesser 1 mm, Länge 0,55 m.

Temperatur	Volt	Amp.	Ohm	Spez. Widerstand
14,5	0,0567	0,696	0,0816	0,1162
35,8	0,0612	»	0,0881	0,1254
49	0,0647	»	0,0931	0,1326
68,5	0,0695	»	0,1000	0,1425
84,5	0,0741	»	0,1065	0,1519
100	0,0774	»	0,1111	0,1584

e) Legierung 60 % Zinn und 40 % Blei.

Drahtdurchmesser 0,75 mm, Länge 0,62 m.

Temperatur	Volt	Amp.	Ohm	Spez. Widerstand
11	0,0482	0,2466	0,1955	0,1388
27	0,0512	»	0,2080	0,1475
49	0,0563	»	0,2280	0,1617
64	0,0594	»	0,2410	0,1710
80,5	0,0631	»	0,2560	0,1815

Tabelle II.   Materialkonstanten.

		Kupfer	Silber	Aluminium	Zink
Spez. Gewicht	γ	8,95	10,5	2,75	7,15
Wärmekapazität	c_0	0,8062	0,574	0,5693	0,6441
Temperaturkoeffizient der Wärmekapazität	β	0,0007216	0,000805	0,001111	0,0008325
Wärmeleitungskoeffizient	λ	0,82	1,1	0,35	0,30
Schmelztemperatur . .	t_s	1054	954	600	412
Spez. Widerstand . . .	ϱ_0	0,0175	0,0160	0,0284	0,0587
Temperaturkoeffizient des Widerstandes .	α	0,00364	0,00377	0,00395	0,00376
	$1 + \alpha t_s$	4,83	4,60	3,37	2,55
	$1 + \alpha t_0$	1,054	1,0565	1,059	1,054
	$\dfrac{1 + \alpha t_s}{1 + \alpha t_0}$	4,58	4,36	3,18	2,41
	$\beta(t_s - t_0)$	0,749	0,756	0,651	0,330

		Blei	Zinn	3 Sn + 2 Pb
Spez. Gewicht	γ	11,3	7,4	9,0
Wärmekapazität	c_0	0,3388	0,387	
Temperaturkoeffizient der Wärmekapazität	β	0,001034	0,00138	
Wärmeleitungskoeffizient .	λ	0,08	0,14	
Schmelztemperatur	t_s	325	230	135
Spez. Widerstand	ϱ_0	0,185	0,1075	0,132
Temperaturkoeffizient des Widerstandes	α	0,00460	0,00474	0,00464
	$1 + \alpha t_s$	2,495	2,07	1,626
	$1 + \alpha t_0$	1,069	1,071	1,070
	$\dfrac{1 + \alpha t_s}{1 + \alpha t_0}$	2,335	1,95	1,520
	$\beta(t_s - t_0)$	0,321	0,297	

Tabelle III. Abschmelzversuche mit einfachen Einsätzen.
a) Schmelzversuche mit Kupferdrähten.

Durchmesser	Amp.	Schmelzzeit in Sek.	Bemerkungen
4,0 nicht versilbert	600—500	90	
	550—500	95	
	500	130	
3,5 nicht versilbert	500	48	
	450	71	
	400	275	
	350		In 320 Sek. nicht geschmolzen, dann mit 375 Amp. in 170 Sek. durchgeschmolzen.
3,0 nicht versilbert	400	ca. 35	
	375	ca. 45	
	350	60	
	325	360	
	300	910	
	280	955	
2,5 nicht versilbert	350	22	
	300	35	
	275	45	
	250	105	
	225		Über 375 Sek. belastet, nicht durchgeschmolzen.
2,5 versilbert	300	40	
	280	53	
	260	64	
2,0 nicht versilbert	220	30	
	190	48	
	180	70	
	175	ca. 550	
2,0 versilbert	225	25	
	200	35	
	175	140	
1,53 versilbert	150	20	
	130	40	
	120	150	
1,50 nicht versilbert	190	15 (?)	
	175	18 (?)	
	150	22	

Meyer, Theorie der Abschmelzsicherungen.   7

Durchmesser	Amp.	Schmelzzeit in Sek.	Bemerkungen
1,50	125	37	
nicht versilbert	120	50	
	112,5	260	
1,15	125	12	
nicht versilbert	112,5	15	
	105	18	
	87,5	105	
	85	400	
	80		Nicht durchgeschmolzen.
1,0	77,5	15	
versilbert	70	27	
	65	95	
	65	195 (?)	

b) Grenzströme für Kupferdrähte.

Durchmesser	Grenzstrom	$K \cdot 10^3$	Bemerkungen
4,0	460	2,62	
3,5	370	2,53	
3,0	290	2,47	
2,5	227	2,61	
2,0	165	2,70	
1,53	110	2,68	
1,50	105	2,69	
1,15	75	2,92	
1,00	ca. 60	2,85	
0,45	20,5	3,60	
0,35	14,2	8,74	
0,25	8,5	3,64	

c) Grenzströme für Silberdrähte.

Durchmesser	Grenzstrom	$K \cdot 10^3$	Bemerkungen
2,2	143	1,47	
2,0	124	1,46	
1,75	102	1,47	
1,53	80	1,37	
0,9	40	1,68	
0,5	18	1,98	
0,33	11,5	2,8	
0,25	7,6	2,8	

d) Schmelzversuche mit Aluminium.

Dimension	Amp.	Schmelzzeit in Sek.	Bemerkungen
4,0 φ	400	35	
	350	48	
	300	95	
	280	110	
	260	179	
2,0 φ	135	21	
	120	30	
	103	56	
	95	78	
	87,5	177	
	85	210	
1,0 φ	40	20	
	40	20	
	35	35	
	30		Nicht durchgeschmolzen.
0,5 × 1,2 oval	25	15	
	23,75	45	
	23,25		30 Sek. belastet, dann 315 Sek. mit 22,75 Amp., und 180 Sek. mit 23 Amp.; hierbei schmolz der Einsatz.
2 × 5	275	58	
	237,5	85	
	225	135	
	220	135	
	212,5	170	
1 × 4	200	10	
	150	15	
	125	85 (?)	
	117,5	70	
	112,5	165	
0,5 × 10	310	10	
	200	35	
	195	43	
	192	45	
	ca. 170	75	
	155	175	

7*

Dimension	Amp.	Schmelzzeit in Sek.	Bemerkungen
0,5 × 6	200	10	
	120	45	
	110	63	
	105	87	
	100	110 (?)	
	95		300 Sek. belastet, dann mit 100 Amp. in 40 Sek. durchgeschmolzen.
0,5 × 4	130	10 (?)	
	87,5	32	
	75	45	
	70	75	
	67,5		In 300 Sekunden nicht durchgeschmolzen.
0,5 × 2	62,5	15	
	50	45	
	45	113	
	42,5		300 Sek. belastet, dann mit 44 Amp. in 150 Sek. durchgeschmolzen

e) Schmelzversuche mit Zinkeinsätzen.

Durchmesser	Amp.	Schmelzzeit in Sek.	Bemerkungen
2,8	130	25	
	112	40	
	105	60	
	97,5	72	
	92,5	90	
	80	114	
	75	141	
	66		Nicht durchgeschmolzen.
1,8	75	17	
	70	17	
	50	45	
	50	50	
	45	70	
	40	100	
	35		Nicht durchgeschmolzen.

Durchmesser	Amp.	Schmelzzeit in Sek.	Bemerkungen
1,0	30	7	
	24	24	
	20	30	
	17,5	45	
	15		Nicht durchgeschmolzen.

f) Schmelzversuche mit Bleidrähten.

Durchmesser	Amp.	Schmelzzeit in Sek.	Bemerkungen
6,0	300	7	
	250	21	
	200	32	
	150	78	
	135	100	
	120	170	
2,5	65	14	
	50	21	
	40	40	
	40	43	
	35	65	
	32	90	
	30	115	
	29	117	
	27		Nicht durchgeschmolzen.
2,1	40	13	
	30	32	
	25	70	
	23,5	128	
	22		Nicht durchgeschmolzen.
1,2	25	4	
	20	8	
	15	18	
	12	43	
	10	115	
	9		Nicht durchgeschmolzen.

Durchmesser	Amp.	Schmelzzeit in Sek.	Bemerkungen
0,9	12	8	
	9	13	
	7,75	45	
	7,25	70	
	7	300	
	6,5		Nicht durchgeschmolzen.

g) Grenzströme für Zinndrähte.

Durchmesser	Grenzstrom	$K \cdot 10^3$	Bemerkungen
1,25	11,5	0,69	
1,10	9,8	0,733	
1,0	8,5	0,75	
0,9	7,5	0,784	
0,85	7,2	0,865	
0,7	5,45	0,850	

h) Grenzströme für Weichlot-Drähte.
(60% Zinn und 40% Blei.)

Durchmesser	Grenzstrom	$K \cdot 10^3$	Bemerkungen
2,5	31,5	1,105	
2,0	22,0	1,05	
1,0	8,2	1,168	
0,75	5,45	1,218	
0,5	3,10	1,34	

i) Grenzströme dünner Zinndrähte.

Durchmesser	Grenzstrom	$K \cdot 10^3$	Bemerkungen
1,4	24,5	0,8	
1,1	17,6	0,855	
0,92	14,5	0,99	
0,72	11,1	1,21	
0,48	6,7	1,48	

Tabelle IV. Lange Einsätze verschiedenen Materials für gleichen Grenzstrom.

Aus Gleichung 3 resp. 3a ergeben sich unter Benutzung der Verhältniszahlen für k folgende Verhältnisse der Produkte $q\,0$ und der Drahtdurchmesser:

		Produkt aus Umfang und Querschnitt	Verhältnis der Durchmesser
3 S N + 2 Pb zu	Zinn	1,045	1,015
	Blei	0,595	0,841
	Zink	2,41	1,34
	Aluminium . . .	10,15	2,16
	Silber	30,8	3,14
	Kupfer	54,5	3,79
Zinn zu . . .	Blei	0,57	0,828
	Zink	2,3	1,32
	Aluminium . . .	9,7	2,13
	Silber	29,3	3,08
	Kupfer	52,0	3,73
Blei zu . . .	Kupfer	91	4,5
	Silber	51,1	3,71
	Aluminium . . .	17	2,57
	Zink	3,93	1,575
Zink zu . . .	Kupfer	23,4	2,86
	Silber	13,14	2,36
	Aluminium . . .	4,33	1,63
Aluminium zu	Kupfer	5,4	1,755
	Silber	3,03	1,448
Silber zu . .	Kupfer	1,78	1,212

Tabelle V. Schmelzversuche mit zwei gleichen parallel geschalteten Streifen in Patrone P 330.

Material	Dimension	Belastungs-strom	Dauer der Belastung in Sek.	Schmelz-strom	Dauer der Belastung mit Schmelz-strom	Grenz-strom
Kupfer . .	1,5 × 4	500—700	570	700	30	693
Kupfer . .	1 × 4	350—535	660	535	30	532
Kupfer . .	0,5 × 4	250—310	465	310	30	303
Aluminium	2 × 4	400—465	1280	465	50	460
Aluminium	1,5 × 4	325—390	930	390	60	387
Aluminium	1 × 4	230—310	825	310	15	301
Aluminium	0,5 × 4	135—167,5	745	167,5	25	166
Zink	2 × 4	200—240	640	240	40	238
Zink	1,5 × 4	200—210	405	210	45	208
Zink	1 × 4	135—175	400	175	25	160
Zink	0,5 × 4	185	15	185	15	

Tabelle VI. Kurzschlußversuche mit parallel geschalteten Drähten.

Einsatz 1	Einsatz 2	Reihenfolge des Durchschmelzens
Zn φ 1,8 $l=56$	Cu φ 0,45 $l=40$	Gleichzeitig
Zn φ 1,8 $l=80$	do.	Zuerst Cu, kurz darauf Zink
Zn φ 1,8 $l=56$	Cu φ 1,0 $l=45$	Erst Zn, ganz kurz darauf Cu
do.	Cu φ 1,0 $l=40$	Gleichzeitig
Zn φ 1,8 $l=75$	do.	Erst Cu, dann Zn
Zn φ 2,8 $l=56$	Cu φ 0,45 $l=40$	Gleichzeitig
Cu φ 0,45 $l=51$	Cu φ 1,53 $l=45$	Erst der kürzere Draht, der
Cu φ 1,53 $l=51$	Cu φ 0,45 $l=45$	andere sofort hinterher
Cu φ 1,53 $l=45$	Pb φ 1,2 $l=56$	Erst Blei
do.	Pb φ 0,6 $l=56$	Erst Blei
Cu φ 0,65 $l=40$	Pb φ 0,6 $l=56$	Erst Kupfer, sofort darauf Blei
do.	Pb φ 1,2 $l=56$	do., aber fast gleichzeitig
Zn φ 2,8 $l=45$	Pb φ 1,2 $l=40$	Erst Blei, aber fast gleichzeitig
Zn φ 2,8 $l=40$	Pb φ 1,2 $l=45$	Erst Zink, dann sofort Blei
Zn φ 2,8 $l=40$	Pb φ 0,6 $l=45$	Ebenfalls

Tabelle VII. Einsätze für denselben Grenzstrom.

$$J_0 = 150 \text{ Amp.}$$

Material	Dimensionen	Schmelzzeit für 200 Amp.	$s\,J_k{}^2$
Cu	0,3 $\times$ 5,17	10,9	162 500
	0,5 $\times$ 3,88	17,15	254 000
	0,75 $\times$ 3,0	22,9	342 500
	1,0 $\times$ 2,46	27,4	410 000
	1,25 $\times$ 2,055	29,8	446 000
	1,62 $\times$ 1,62	31,4	467 000
	1,9 ϕ	44,4	542 000
Al	1,0 $\times$ 6,17	60,5	812 000
	1,5 $\times$ 4,73	78,7	1 085 000
	2,0 $\times$ 3,81	92,8	1 242 000
	2,8 $\times$ 2,8	98	1 315 000
	3,3 ϕ	115,5	1 570 000

Verzeichnis

der

benutzten Buchstabenbezeichnungen.

Buch-stabe	Bedeutung	Seite
A	Kurzschlußkonstante	36
B	Konstante zur Berechnung der Schmelzzeiten von Einsätzen gleichen Materials mit gleichem Grenzstrom	38
C	Integrationskonstante	15, 32
D	Konstante	68
J	Momentanwert des Stroms in Ampere	6
J_k	Stromstärke bei Kurzschluß in Ampere	36
J_n	Normaler Betriebsstrom in Ampere	83
J_0	Grenzstrom in Ampere	24
L	Ideelle Länge in cm	6, 18
T	Temperatur in der Mitte des ideellen Einsatzes in Grad C	13
W	Vorschaltwiderstand in Ohm $\times 10^{-4}$	77
W_a	Abgeführte Wärme in g-Kalorien pro cm Länge und Sekunde	22
W_z	Zugeführte Wärme in g-Kalorien pro cm Länge und Sekunde	22
$\varDelta W$	$= W_z - W_a$	32
a		
b	Konstanten	14
c		
c_0	Spez. Wärmekapazität in g-Kalorien pro qcm bei 0°	9
d	Durchmesser runder Drähte in cm	25
k	Ventilationskoeffizient	10
l	Länge in cm	7
m	Konstante	13
o	Umfang des Einsatzes in cm	6
q	Querschnitt in qcm	6

Buch-stabe	Bedeutung	Seite
s	Zeit in Sekunden	6
$s\,J_k{}^2$	Kurzschlußfaktor = Trägheit Θ	37
t	Momentane Temperatur in Grad C	6
t_a	Anfangstemperatur in Grad C	16
t_0	Raumtemperatur in Grad C	6
t_s	Schmelztemperatur in Grad C	24
t_z	Beharrungstemperatur in Grad C	34
α	Temperaturkoeffizient des Widerstands pro Grad C	8
β	Temperaturkoeffizient der Wärmekapazität pro Grad C	10
γ	Spez. Gewicht	92
ε	Verhältnis eines Dauerbelastungsstroms zum Grenzstrom	34
λ	Wärmeleitung in g-Kalorien pro Sekunde, cm Länge, qcm Querschnitt und Grad Temperaturgefälle	9
ν	Konstante	29
π	Ludolfsche Zahl	—
ϱ	Spez. Widerstand in Ohm pro m Länge und qmm Querschnitt	8
ϱ_0	Spez. Widerstand bei 0°.	8
σ	Vorgeschalteter Selbstinduktions-Widerstand in Ohm $\times 10^{-4}$.	78
Θ	Trägheit = Kurzschlußfaktor $s\,J_k{}^2$	37

Die zu diesen Bezeichnungen zugefügten Indizes 1 und 2 beziehen sich auf die Einsätze 1 und 2, falls mehrere Einsätze gleichzeitig behandelt werden.

Die
Schwachstromtechnik in Einzeldarstellungen

Unter Mitwirkung zahlreicher Fachleute

Herausgegeben von

J. Baumann   und   Dr. L. Rellstab
München   Schöneberg-Berlin

Band I: **Der wahlweise Anruf in Telegraphen- und Telephonleitungen und die Entwicklung des Fernsprechwesens.** Von **J. Baumann.** VIII und 96 Seiten, 8°, mit 25 Textabbildungen. Preis M. **2.50.**

Band II: **Drahtlose Telegraphie und Telephonie** von Prof. **Dr. Mazzotto**, deutsch bearb. von J. Baumann. Preis M. **7.50.**

Band III: **Die Medizinische Anwendung der Elektrizität** von **Dr. S. Jellinek.** Preis M. 10.—, geb. M. 11.—.

Es folgen: 4. Kupplungen elektrischer Stromkreise. — 5. Schwachstromtechnik im Dienste des Heeres und der Marine. — 6. Elektrizitäts-Messungen. — 7. Chemische Stromquellen der Schwachstromtechnik. — 8. Fernsprechstellen.

In Aussicht genommen sind ferner folgende Bände: 9. Haustelegraphie und Telephonie. — 10. Eisenbahntelegraphie. — 11. Feuertelegraphen, Zustandsanzeiger, elektrische Uhren. — 12. Typendrucker. — 13. Elemente. — 14. Der Schwachstrommonteur. — 15. Theorie der Leitungen und Leitungsbau. — 16. Telephon und Mikrophon und die Telephonapparate. — 17. Die Telephonzentralen. — 18. Materialien und Fabrikationsmethoden.

Die Anwendungen des Schwachstroms umfassen heute ein Gebiet von solcher Ausdehnung und Vielgestaltigkeit, daß die Auflösung des Stoffes in Einzelgebiete für die Darstellung sowohl wie für den Belehrung Suchenden zum unabweisbaren Bedürfnis geworden ist. Dieses Bedürfnis zu befriedigen, ist das Programm des oben angekündigten Sammelunternehmens, das nach seiner Vollendung eine vollständige Übersicht bieten soll über das Gesamtgebiet derjenigen Elektrizitätsanwendungen, in welchen — von den medizinischen abgesehen — nicht die materielle Stromwirkung, sondern deren geistige Deutung den Zweck der Anwendung bildet. In erster Linie für die weitesten Kreise der Praxis bestimmt, gibt jeder Band, ein abgeschlossenes Ganzes bildend und einzeln käuflich, in einfacher, allgemein verständlicher Darstellung eine gedrängte und doch er-

Verlag von R. Oldenbourg in München und Berlin.

schöpfende Übersicht über das behandelte Anwendungsgebiet nach dem neuesten Stand von Wissenschaft und Technik. Dementsprechend sind historische Erörterungen auf das Notwendigste beschränkt, ist auf die mathematische Ausdrucksweise fast gänzlich verzichtet. Dagegen wird überall die Kenntnis der Fundamentaltatsachen des betreffenden Stoffgebietes vorausgesetzt, weshalb insbesondere physikalische Einleitungen durchwegs vermieden sind. Überall aber ist die Betrachtung so weit geführt, daß dem Leser nicht nur ein Bild des augenblicklichen Standes des betreffenden Gebietes entsteht, sondern auch die Richtlinien künftiger Entwicklung erkennbar werden. Nicht ausgeschlossen ist, daß der eine oder andere Band auch vorwiegend irgendeine wichtige Einzelneuerung behandelt oder auch zum erstenmal zur öffentlichen Kenntnis bringt.

Elektrische Bahnen und Betriebe. Zeitschrift für

Verkehrs- und Transportwesen. Herausgeber **Wilhelm Kübler,** Professor an der Kgl. Technischen Hochschule zu Dresden. Jährlich 36 Hefte mit zahlreichen Textabbildungen und Tafeln. Preis pro anno M. **16.**—.

Das Programm der Zeitschrift umfaßt das gesamte elektrische Beförderungswesen, also nicht nur das ganze Gebiet elektrischer Bahnen (insbesondere auch der Vollbahnen), sondern auch die Massengüterbewältigung, Hebezeuge, Selbstfahrer, Boote etc. Sie enthält Aufsätze wissenschaftlichen Inhaltes aus dem Gebiete des elektrischen Verkehrs- und Transportwesens mit Einschluß aller dazu gehörenden technischen Hilfsmittel, eingehende Beschreibung und zeichnerische Darstellung von bedeutenden Ausführungen und Projekten, Mitteilung von Betriebsergebnissen, Behandlung wirtschaftlicher Fragen und Aufgaben unter Berücksichtigung der Betriebsführung und des Rechnungswesens, kurze Berichterstattung über allgemein interessierende Vorgänge in der in- und ausländischen Praxis, über die wesentlichen Erscheinungen der Fachliteratur der Statistik usw.

Zeitschrift für das gesamte Turbinenwesen.

Unter ständiger Mitwirkung hervorragender Autoritäten herausgegeben von **Wolfgang Adolf Müller,** Zivil-Ingenieur. Jährlich 36 Hefte mit zahlreichen Textabbildungen. Preis pro Jahrg. M. **18.**—, pro Semester M. **9.**—.

In der „Zeitschrift für das gesamte Turbinenwesen" gelangen zur Veröffentlichung wissenschaftliche Aufsätze — Theorie wie Praxis — aus dem Gebiete der Dampfturbinen (Thermodynamik) mit Einschluß der Turbodynamos, der Wasserturbinen (gesamte technische Hydraulik), der Turbinenschiffe, Wind-, Heißluft- und Gasturbinen, sowie auch der Pumpen und -Ventilatoren einschließlich der rotierenden Kompressoren, sodann eingehende Beschreibung und Darstellung ausgeführter oder projektierter Anlagen, Berichterstattung über Betriebsergebnisse, Ausführungen, Projekte, Besprechung der Fachliteratur usw.

Schillings Journal für Gasbeleuchtung und verwandte Beleuchtungsarten sowie für Wasserversorgung.

Organ des Deutschen Vereins von Gas- u. Wasserfachmännern. Herausgeber und Chef-Redakteur Geh. Hofrat Dr. **H. Bunte,** Professor an der Technischen Hochschule in Karlsruhe, General-Sekretär des Vereins. Jährl. 52 Hefte. Preis M. **20.**—.

www.ingramcontent.com/pod-product-compliance
Lightning Source LLC
Chambersburg PA
CBHW031449180326
41458CB00002B/699